Korean Cooking

NCS 자격검정을 위한
한식조리

김치

한혜영·김경은·김옥란·송경숙·신은채
원미경·이정기·정외숙·정주희·조태옥

국가직무능력표준(NCS : National Competency Standards)은 산업현장의 직무를 성공적으로 수행하기 위해 필요한 능력을 국가적 차원에서 표준화시킨 것이다. 이는 교육훈련기관의 교육훈련 과정, 교재 개발 등에 활용되어 산업 수요 맞춤형 인력 양성에 기여함은 물론 근로자를 대상으로 채용, 배치, 승진 등의 체크리스트와 자가진단도구로 활용할 수 있다.

백산출판사

머리말

과학기술의 발달은 사회 변동을 촉진하고 그 결과 사회는 점점 빠르게 변화되고 있다. 사회가 발달하고 경제상황이 좋아짐에 따라 식생활문화는 더욱 풍요로워졌고, 음식문화에 대한 인식변화를 가져오게 되었다.

음식은 단순한 영양섭취 목적보다는 건강을 지키고, 오감을 만족시켜 행복지수를 높이며, 음식커뮤니케이션의 기능과 함께 오락기능을 더하고 있는 실정이다.

이에 전문 조리사는 다양한 직업으로 분업화·세분화되어 활동하게 되는데, 그 인기도는 조리 전문 방송 프로그램이 많아진 것을 보면 쉽게 알 수 있다.

현재 우리나라는 국가직무능력표준(NCS: National Competency Standards)을 개발하여 산업현장에서 직무를 수행하기 위해 요구되는 지식, 기술, 소양 등의 내용을 국가가 산업부문별·수준별로 체계화하고, 산업현장의 직무를 성공적으로 수행하기 위해 필요한 능력(지식, 기술, 태도)을 국가적 차원에서 표준화하고 있다. 이 책은 조리의 기초적인 부분부터 조리사가 알아야 하는 전반적인 내용을 총 14권에 담고 있어 산업현장에 적합한 인적자원 양성에 도움이 되는 전문서가 될 것으로 생각하며, 조리능력 향상에 길잡이가 될 것으로 믿는다.

조리학문 발전을 위해 노력하신 많은 선배님들께 감사드리며, 제자 권승아, 배아름, 최호정, 김은빈, 송화용, 권민지, 이수진 그리고 나의 사랑하는 딸 이가은에게 감사한 마음을 전한다. 또한 늘 배려를 아끼지 않으시는 백산출판사 사장님 이하 직원분들께 머리 숙여 깊은 감사를 드린다.

조리인이여~

넓은 세상을 보고 많은 꿈을 꾸며, 희망을 가지고 남다른 노력을 하라. 그러면 소망과 꿈은 이루어지리라.

대표저자 한혜영

차례

✿ 조리기능사 실기 품목

김치조리

NCS-학습모듈의 위치

대분류	음식서비스
중분류	식음료조리 · 서비스
소분류	음식조리

세분류	능력단위	학습모듈명
한식조리	한식 조리실무	한식 조리실무
양식조리	한식 밥 · 죽조리	한식 밥 · 죽조리
중식조리	한식 면류조리	한식 면류조리
일식 · 복어조리	한식 국 · 탕조리	한식 국 · 탕조리
	한식 찌개 · 전골조리	한식 찌개 · 전골조리
	한식 찜 · 선조리	한식 찜 · 선조리
	한식 조림 · 초 · 볶음조리	한식 조림 · 초 · 볶음조리
	한식 전 · 적 · 튀김조리	한식 전 · 적 · 튀김조리
	한식 구이조리	한식 구이조리
	한식 생채 · 숙채 · 회조리	한식 생채 · 숙채 · 회조리
	김치조리	**김치조리**
	음청류조리	음청류조리
	한과조리	한과조리
	장아찌조리	장아찌조리

● 분류번호 : 1301010111_14v2
● 능력단위 명칭 : 김치조리
● 능력단위 정의 : 김치조리란 무, 배추, 오이 등과 같은 채소를 소금이나 장류에 절여 고추, 파, 마늘, 생강 등 여러 가지 양념에 버무려 숙성시켜 저장성을 갖는 발효식품을 만드는 능력이다.

능력단위요소	수행준거
1301010111_14v2.1 김치 재료 준비하기	1.1 김치에 사용하는 재료를 필요량에 맞게 계량할 수 있다. 1.2 김치의 종류에 맞추어 도구와 재료를 준비할 수 있다. 1.3 재료에 따라 요구되는 전처리를 수행할 수 있다. 1.4 배추나 무 등의 김치 재료를 적정한 시간과 염도에 맞춰 절일 수 있다.
	【지 식】 • 도구의 종류와 용도 • 재료선별법 • 재료성분과 특성 • 재료의 전처리 • 채소 절임의 삼투압 현상 【기 술】 • 김치 종류에 따른 염도 조절능력 • 김치 종류에 따른 주재료의 선별능력 • 도구 사용능력 • 재료 전처리능력 • 재료의 신선도 선별능력 • 재료를 썰거나 자르기 능력 【태 도】 • 바른 작업태도 • 반복훈련태도 • 안전사항 준수태도 • 위생관리태도 • 준비재료 점검태도
1301010111_14v2.2 김치 양념 배합하기	2.1 김치 종류에 따른 양념 재료를 비율대로 혼합, 조절할 수 있다. 2.2 김치 종류, 저장기간에 따라 양념의 비율을 조절할 수 있다. 2.3 양념을 용도에 맞게 활용할 수 있다.

1301010111_14v2.2 김치 양념 배합하기	【지 식】 • 양념 재료성분과 특성 • 양념 혼합 비율 • 젓갈 맛의 특성 【기 술】 • 김치 종류, 저장기간별 양념비율 조절능력 • 양념 종류별 사용능력 • 젓갈 종류별 사용능력 • 재료의 배합비율 능력 【태 도】 • 관찰태도 • 바른 작업태도 • 반복훈련태도 • 안전사항 준수태도 • 위생관리태도
1301010111_14v2.3 김치 담그기	3.1 김치의 특성에 맞도록 주재료에 부재료와 양념의 비율을 조절하여 소를 넣거나 버무릴 수 있다. 3.2 김치의 종류에 따라 국물의 양을 조절할 수 있다. 3.3 온도와 시간을 조절하여 숙성하여 보관할 수 있다. 【지 식】 • 김치 담그기 방법 • 김치 재료의 특성 • 숙성온도와 숙성기간 【기 술】 • 김치 양념 혼합능력 • 김치 숙성, 보관 능력 • 배추와 양념의 비율 조절능력 • 재료 선별능력 【태 도】 • 바른 작업태도 • 반복 훈련태도 • 숙성단계 관찰태도 • 안전사항 준수태도 • 위생관리태도

1301010111_14v2.4 김치 담아 완성하기	4.1 김치의 종류에 따라 다양한 그릇을 선택할 수 있다. 4.2 적정한 온도를 유지하도록 담을 수 있다. 4.3 김치의 종류에 따라 조화롭게 담아낼 수 있다.
	【지 식】 • 김치의 종류에 따라 그릇 선택 • 김치의 적정한 온도를 유지 • 김치와 그릇의 조화 【기 술】 • 그릇에 맞게 조화롭게 담아내는 능력 • 김치 써는 기술 • 김칫국을 부어내는 능력 【태 도】 • 바른 작업태도 • 반복 훈련태도 • 안전사항 준수태도 • 관찰태도 • 위생관리태도

⊙ 적용범위 및 작업상황

▌● 고려사항

- 김치 담그기의 능력단위에는 다음 범위가 포함된다.
  - 김치류 : 깍두기, 보쌈김치, 오이소박이, 장김치, 파김치, 열무김치, 배추김치, 백김치, 갓김치
- 김치의 절임은 10% 소금물에 7~8시간 절인다.
- 김치는 실온(18~20℃)에 2일간 두었다가 냉장온도(3~4℃)에서 숙성한다.
- 김치 담그기의 전처리란 다듬기, 씻기, 절이기를 말한다.

▌● 자료 및 관련 서류

- 한식조리 전문서적
- 조리도구 관련서적
- 조리원리 전문서적, 관련 자료
- 식품영양 관련서적
- 식품재료 관련전문서적
- 식품가공 관련서적
- 식품재료의 원가, 구매, 저장 관련서적
- 식품위생법규 전문서적
- 안전관리수칙서적
- 원산지 확인서
- 매뉴얼에 의한 조리과정, 조리결과 체크리스트
- 조리도구 관리 체크리스트
- 식자재 구매 명세서

장비 및 도구

- 조리용 칼, 도마, 양푼(대), 계량컵, 계량스푼, 계량저울, 조리용 젓가락, 염도계, 체, 타이머 등
- 조리용 불 또는 가열도구 등
- 위생복, 앞치마, 위생모자, 위생행주, 분리수거용 봉투 등

재료

- 채소류(배추, 무, 오이, 실파, 갓 등)
- 양념류(고추가루 등)
- 장류, 젓갈류 등

⊙ 평가지침

● 평가방법

- 평가자는 능력단위 김치조리의 수행준거에 제시되어 있는 내용을 평가하기 위해 이론과 실기를 나누어 평가하거나 종합적인 결과물의 평가 등 다양한 평가방법을 사용할 수 있다.
- 피평가자의 과정평가 및 결과평가 방법

평가방법	평가유형	
	과정평가	결과평가
A. 포트폴리오		✓
B. 문제해결 시나리오		
C. 서술형 시험		✓
D. 논술형 시험		
E. 사례연구		
F. 평가자 질문	✓	✓
G. 평가자 체크리스트	✓	✓
H. 피평가자 체크리스트		
I. 일지/저널		
J. 역할연기		
K. 구두발표		
L. 작업장평가	✓	✓
M. 기타		

● 수행준거에 제시되어 있는 내용을 성공적으로 수행할 수 있는지를 평가해야 한다.
● 평가자는 다음 사항을 평가해야 한다.
  – 위생적인 조리과정
  – 종류에 따른 재료 준비하기
  – 채소 절이기
  – 양념 준비과정
  – 김치 양념 버무리는 능력
  – 김치 담그기 능력
  – 배추 염도 조절, 절이기 숙련 정도
  – 보관하여 숙성하는 능력

⊙ 직업기초능력

순번	직업기초능력	
	주요 영역	하위영역
1	의사소통능력	문서이해능력, 문서작성능력, 경청능력, 의사표현능력, 기초외국어능력
2	문제해결능력	문제처리능력, 사고력
3	정보능력	컴퓨터 활용능력, 정보처리능력
4	기술능력	기술이해능력, 기술선택능력, 기술적용능력
5	자기개발능력	자아인식능력, 자기관리능력, 경력개발능력
6	직업윤리	근로윤리, 공동체윤리

⊙ 개발 이력

구분		내용
직무명칭		한식조리
분류번호		1301010111_14v2
개발연도	현재	2014
	최초(1차)	2006
버전번호		v2
개발자	현재	(사)한국조리기능장협회
	최초(1차)	한국산업인력공단
향후 보완연도(예정)		2019

김치조리

김치

김치는 우리 식생활에서 가장 기본이 되는 반찬으로 대표적인 저장발효음식이다. 김치는 소금에 절여 저장하는 동안 발효되어 유산균이 생겨서 독특한 신맛이 나며 고추의 매운맛과 잘 어우러져 식욕을 돋우고 소화작용도 돕는다.

1. 역사

김치는 인류가 농경을 시작하여 곡물을 주식으로 삼은 이후에 생겨났다. 곡물은 대부분 전분이어서 인체의 에너지원이 되지만 그것만으로는 부족하고 비타민이나 무기질이 풍부한 채소를 섭취해야 한다. 그러나 채소는 곡물과 달리 저장하기가 어렵다. 채소를 말리면 본래의 맛을 잃고 영양분이 손실되기 때문이다. 그 후 채소를 소금에 절이거나 장(醬), 초(醋), 향신료 등과 섞어 두면 새로운 맛과 향이 생긴다는 것을 발견했다. 이러한 저장음식이 바로 김치류이다.

김치에 관한 첫 기록은 2600~3000년 전에 쓰인 중국 최초의 시집 《시경(詩經)》에 나와 있다. "밭 두둑에 외가 열렸다. 외를 깎아서 저(菹)를 담자"는 구절이 있는데, '저'가 염채(鹽菜), 즉 김치의 시조(始祖)다.

《여시춘추(呂氏春秋)》에서는 "공자가 콧등을 찌푸려가며 '저'를 먹었다"는 기록이 있으며, 한말(漢末)경의 사전인 《석명(釋名)》에도 '저'에 관한 설명이 나온다. 《석명》에는 김치에 대해, "채소를 소금에 발효시키면 젖산이 생성되고, 이 젖산이 소금과 더불어 채소의 짓무름과 부패를 막는다"라고 풀이했다. 여기서 '저'가 채소를 젖산 발효시켜 저장해 온 산미가공식품이었음을 알 수 있다.

한(漢)나라 때의 《주례천관염인(周禮天官鹽人)》에도 순무·순채·아욱·미나리·죽순·부추 등의 '칠저(七菹)'를 담가 관리하는 관청에 관한 기록이 있다. 이때의 일곱 가지 '저'는 염지(鹽漬)와 장아찌 등 염장채저류(鹽醬菜菹類)의 원시형 종류였을 것이다.

우리나라에서도 《시경》의 기록 연대와 비슷한 시기인 기원전 2000년대 유물 중 볍씨와 함께 박씨·오이씨 등이 경기도 일산에서 출토됐다. 중국의 중원뿐만 아니라 한반도에서도 오이를 비롯한 다른 채소류를 재배해 '저'와 같은 발효식품으로 간수해 먹은 것이라 추측해 볼 수 있다.

《제민요술》에는 30여 종의 '작저법(作菹法)'이 설명돼 있으며, 재료로 흔히 쓰인 것은 배추·무·순무·아욱·외·달래·죽순·동아·목이버섯 등이었다. 이들을 소금으로 절이거나 끓는 물로 숨 죽여 식초에 담그기도 했다. 소금으로 절인 것은 곡물(밥이나 죽 등)이나 술지게미, 누룩 등을 넣어 삭힌다고 나와 있다.

삼국시대에 이르러서는 식초와 소금에만 절이던 방법에서 술지게미, 누룩, 곡물 껍질류에 채소를 발효시키는 것과 장에 절이는 방법들이 발달하게 됐다. 이런 발효의 지혜는 곡물·채소·생선을 버무려 삭힌 오늘날 함경도 지방의 '가자미식해'와 '안동식해', '북어식해' 등에 잘 남아 있다.

고려시대 이규보의 문집인 《동국이상국집(東國李相國集)》에는 외, 가지, 순무, 파, 아욱, 박의 여섯 가지 채소에 대해 읊은 〈가포육영(家圃六詠)〉이라는 시가 있는데 그중에 순무로 장아찌[得醬(득장)]를 담그는 것과 소금절임[漬鹽(지염)]에 대한 내용이 나온다.

김치류는 3000년 전부터 중국에서 '저(菹)'라는 이름으로 나타나기 시작해 우리나라에는 삼국시대에 전래되어 통일신라시대, 고려시대를 거치는 동안 국내에서 생산되는 재료와 한국인의 기호에 맞도록 종류와 제조방법이 변천되어 왔다. 이때까지만 해도 김치류는 무를 주원료로 한 동치미, 짠지, 장아찌가 주를 이루었을 것이다. 오늘날과 같은 통배추와 고춧가루를 주 원료로 한 김치류는 조선시대 중반 이후에 통이 크고 알찬 결구배추와 1600년대에 고추가 상용화되기 시작하면서 보급되었을 것으로 생각한다. 소금물에만 담그거나 천초, 회향 등의 향신료에만 의지했던 김치 절임에도 고추를 첨가하게 된다. 고추를 사용함으로써 김치의 부패를 방지하고 소금의 사용량을 줄이는 효과를 경험하면서, 고춧가루를 넣어 만든 수십 종의 김치가 생겨났다. 그러나 고추를 양념으로 사용한 김치가 나온 것은 김치 도입 당시가 아닌, 훨씬 후의 일이다.

고려시대의 김치류에는 지금과는 달리 고춧가루나 젓갈, 육류를 쓰지 않았다. 소금을 뿌린 채소에 천초나 마늘, 생강 등의 향신료만 섞어서 재워두면 채소에 있는 수분이 빠져 나와 채소 자체가 소금물에 가라앉는 침지(沈漬)상태가 된다. 이를 보고 '침채(沈菜)'라는 특이한 이름이 붙게 되었다. 조선 중중 때의 《벽온방(辟瘟方)》에 "딤채국(菹汁)을 집안 사람이 다 먹어라." 하는 말이 나오는 것으로 보아 '저(菹)'를 우리말로 '딤채'라고 했음을 알 수 있다. 국어학자 박갑수는 김치의 어원에 대해, '침채'가 '팀채'로 변하고 다시 '딤채'가 되었다가 구개음화하여 '김채', 다시 '김치'가 되었다고 설명한다.

조선시대 중엽의 《주방문(酒方文)》에도 각종 채소 절임류들이 나와 있다. 가지ㆍ외ㆍ죽순을 후추ㆍ마늘ㆍ파 등의 양념에 무쳐 볶은 다음 끓여 간장을 부어 담근 '약침채(藥沈菜)', 생강을 식초로 절인 '생강침', 고사리를 소금에 절인 '팀고사리', 외ㆍ가지ㆍ무를 뜨거운 소금물에 담근 침채류, 청태콩을 소금에 절인 '청태침' 등이 있다. 어떤 절임류든 아직 고추를 쓰지 않았다.

1670년경의 《음식디미방》은 안동 장씨가 지은 한글 요리서로, '규호시의방'이라고도 한다. 이 책에는 동아를 절여 담그는 소금 절임 김치나, 산 것을 단지에 담아 따뜻한 물을 부은 후 뜨거운 구들에 놓아 삭히는 김치가 나와 있다. 이는 '무염침채(無鹽沈菜)'로서, 소금 없이 채소 자체를 삭혀 숙성시키는 방법이다. '생치침채법(生雉沈菜法)'은 절인 오이의 껍질을 벗기고 채를 썰어 찬물에 우린 다음, 삶은 꿩고기를 오이처럼 썰어 소금 간을 한 따뜻한 물에 함께 넣어 나박김치처럼 삭혀서 먹는 것이다. 채소에 어육류를 섞어 담근 김치의 자취가 보인다.

2. 종류

(1) 통배추김치

배추를 썰지 않고 통째로 절여 잎 사이에 소를 넣어 담그는 동절기의 김치로, 가장 많이 담가 먹는다. 같은 배추김치라도 지방에 따라 특색이 있다. 기후에 따라 추운 북쪽 지방과 더운 남쪽 지방으로 나뉘는데 북쪽은 싱거우면서 맵지 않고 국물이 있는 편이고, 남쪽은 짜고 매우며 국물 없이 담근다. 중부지방은 간도 중간이고 국물도 적당하다.

젓갈은 북쪽에선 새우젓 · 조기젓을 쓰고, 남쪽에선 멸치젓 · 갈치젓을 쓴다. 중부지방은 새우젓 · 조기젓 · 까나리젓을 쓰고, 동부지방은 생해물이나 대구아가미젓을 쓰며 젓국 건지까지 쓰는 경우와 젓국물만 밭쳐 쓰는 경우가 있다. 북쪽에서는 소를 많이 넣지는 않지만 고운체에 양념을 진하게 하고 하얀 배추 속 사이에 드문드문 넣으며, 중부지방은 무채를 넉넉히 하여 켜마다 넣고, 남부지방에서는 무채는 거의 안 쓰고 진한 젓국과 찹쌀풀을 넣어 전체에 바르는 식이다.

(2) 백김치

백김치는 고추를 쓰지 않은 하얀 김치로, 이북지방의 배추 동치미이다. 이북에서는 겨울 밤, 김칫국에 국수나 밥을 말아서 차게 먹는 풍습이 있는데 맛이 일품이다. 젓갈이나 향신채를 많이 쓰지 않아 맛이 산뜻해서 밥반찬보다는 떡이나 고기를 먹을 때 더 잘 어울린다. 또 매운 것을 피하는 환자나 어린이, 외국인에게도 적당하다. 또한 고추의 붉은 기운이 귀신을 물리친다는 사고 때문에 제사상에 배추김치 대신 백김치를 올리기도 한다.

(3) 보김치

보김치는 감칠맛이 있고 보기에도 호화로운 김치이다. 배추잎을 보자기로 해서 소를 쌌다는 의미에서 쌈김치 또는 보김치라고 한다. 김치에 넣는 재료는 무, 배추, 갖가지 푸른 채소에 온갖 해물, 젓갈 등으로 다양하고 손이 많이 간다. 특히 상에서 보를 펼쳤을 때 대추, 잣, 밤, 버섯, 실고추 등의 다채로운 웃고명이 식욕을 한결 돋운다. 속재료를 먹기 좋은 크기로 썰어 양념에 버무려서 담그기 때문에 담글 때는 다소 손이 많이 가지만 상에 낼 때는 썰어야 하는 번거로움 없이 한 끼에 하나씩만 담아내면 되므로 편리하다. 해물과 양념이 많이 들어가고 빨리 시므로 많이 담그지 않는다. 진한 양념을 쓰지 않고 어느 정도 국물 속에 잠겨야 잘 익는다.

(4) 동치미

동치미는 무에 소금물을 붓고 익힌 간단한 김치이지만 갖은 양념과 배, 유자 등의 과실과 갓, 청각 등을 넣어 맛과 향을 낸다. 동치미를 담그려면 작고 예쁜 무로 골라 무청을 떼고 깨끗이 씻어서 소금에 굴려 묻혀 항아리에 차곡차곡 담아 하룻밤 절인다. 파는 흰 부분과 뿌리로 나누고 생강과 마늘은 납작하게 저며서 헝겊 주머니에 담아 놓고, 소금물을 붓고 삭힌 고추를 띄운다. 겨울철에 땅에 묻으면 한 달 이상 되어야 제맛이 나지만 실온에 두면 열흘쯤 지나면 익는다. 배, 유자, 청각, 갓 등을 넣으면 향이 좋고 시원하다.

무를 통째로 담그므로 속까지 익는 데 시간이 걸려 김장 중 가장 먼저 담그는 것이 동치미이다. 푸른 잎이 달린 총각무로 담근 동치미도 맛있다. 동치미가 익으면 국물이 약간 뿌옇게 되고 무도 맛이 드는데 건져서 반달이나 막대 모양으로 얇게 썬다. 국물이 짜면 물을 타고 설탕을 약간 넣어 간을 맞춘다. 고추, 갓, 실파 등은 짧게 끊어서 넣는다. 동치미에는 굵은 파보다 실파를 절여서 묶어 넣기도 한다. 다른 김치도 그렇지만 낮은 온도에서 서서히 익혀야 국물이 맑고 맛도 더 좋다. 동치미는 간단한 듯하지만 미리미리 준비하는 정성이 필요한 김치이다.

(5) 깍두기

깍두기는 무 껍질을 수세미로 깨끗이 문질러 씻어서 껍질째 담가야 씹히는 맛이 좋다. 김장철에 담그는 김치는 큼직하게 썰고, 싱싱하고 연한 무청이나 배추속대, 미나리 등을 섞어 담그면 푸른색이 어우러져 식욕을 돋우고, 씹히는 감과 맛이 좋다. 굴을 많이 넣은 경우엔 빨리 먹어야 하므로 짜게 담그지 않는다. 깍두기에 굴을 넣으면 시원하고 싱싱하지만 국물이 많이 생기고 빨리 시어져 오래 두고 먹을 김치에는 넣지 않는 것이 좋다. 네모진 깍두기 외에 옛 음식책에 나오는 것으로 채깍두기와 숙(熟)깍두기가 있다. 무채로 만든 채깍두기는 씹기가 좋으므로 노인에게 특히 좋다고 하였고, 무를 삶아 썰어 담근 숙깍두기는 무가 물러서 역시 노인 공양 음식으로 매우 합당하다고 하였다.

(6) 섞박지

무가 주재료이고 배추와 양념, 젓갈, 해물 등을 넣으며 먹기 쉽게 모지고 넓적하게 썰어 담근다. 양념, 해물이 많이 들어가고 잘라서 담그기 때문에 쉽게 익어 통김치가 익기 전의 지레김치로 담근다. 궁중에서는 섞박지를 통배추김치보다 더 많이 담가 먹었는데 조금씩 담가서 알맞은 때 적당히 익은 김치를 먹기 위해서였다. 임금님 수라상에는 배추김치가 아닌, 잘 익은 섞박지를 올렸다고 한다. 무나 배추의 겉도 속대도 아닌 중간 부분이 가장 맛이 있다 하여 그 부분을 골라 썼다.

(7) 풋김치

봄이나 여름철에는 풋배추나 열무, 오이, 부추 등으로 김치를 담가 바로 먹거나 하루 이틀 지난 후에 먹는다. 여름에 나는 푸성귀로 김치를 담글 때는 젓갈을 쓰지 않고 국물을 넉넉히 부어야 시원하다. 풋김치는 잎이 많아 잘 상하고 물러지기 쉬우므로 조심스럽게 다뤄야 한다.

(8) 물김치

동치미는 겨울에 담가 오래 두고 먹지만 나박김치나 물김치는 그때그때 담가서 바로 먹는 국물 김치이다. 시원하고 담백해서 입맛을 잃기 쉬운 여름철에 식욕을 돋워준다. 빨리 익혀서 먹으려면 소금물을 끓여 미지근하게 식혀서 붓는다. 여름에는 금방 익으므로 조금씩 자주 담가 먹고 냉장고에 보관한다.

장김치는 소금이 아닌 간장(진간장)으로 간을 맞춘다. 무와 배추를 네모지고 도톰하게 썰어서 간장(진간장)에 절이고 갖은 양념과 배, 밤, 잣, 석이버섯, 표고버섯 등을 넣어 국물을 넉넉하게 부은 김치이다. 조선시대 궁중이나 대갓집에서 만들던 김치로 재료가 호화로워 서민적이지는 않으나 격식을 차리는 정월 떡국상이나 잔칫상에 올렸다. 잘 익은 장김치는 간장(진간장)의 색과 향이 조화를 이루어 별미이다.

(9) 어육(魚肉)김치

채소류 위주의 김치와 함께 어육김치는 우리나라 김치의 또 다른 특성이다. 어육김치는 젓국지나 생선식해에서 유래된 것으로 본다. 김치에 젓갈의 사용과 함께 어육류가 재료로 첨가되기 시작하여 《시의전서》,《동국세시기》 등에는 젓갈과 낙지, 전복 등의 어패류가 기록되어 있다. 젓갈 외에 수조육류를 넣기도 하였는데 《음식디미방》에는 꿩,《시의

전서》에는 소고기, 《조선무쌍신식요리제법》에는 닭고기, 돼지고기, 소고기를 사용하였다. 《규합총서》에는 어육을 넣은 섞박지가 있고 조선 말기에는 어육이 주가 되고 채소가 부재료가 되는 어육 위주의 닭깍두기, 굴깍두기, 전복김치, 꿩김치 등이 있었다.

3. 김장문화

긴 겨울을 나야 하는 우리나라의 김장문화는 정확한 기원을 알 수는 없지만 문헌상으로 19세기부터 시작되었고, 고려시대 이규보가 순무에 관해서 쓴 시에 "담근 장아찌는 여름철에 먹기 좋고, 소금에 절인 김치는 겨울 내내 반찬되네"라는 내용으로 보아 이때 시작되었을 것으로 유추할 수 있다. 이러한 김장문화는 현대사회에까지 계속 전승되어 한국인들의 중요한 월동행사로 가족 또는 친척들과 모여 김치를 담그고 있다.

조선시대의 《농가월령가》(1816) 〈10월조〉에는 "무 배추 캐어 들여 김장하오리다. 앞 냇물에 정히 씻어 함담(鹹淡)을 맞게 하소. 고추, 마늘, 생강, 파에 젓국지 장아찌라. 독 곁에 중두리요, 바탱이 항아리요. 양지에 가가(假家) 짓고 짚에 싸 깊이 묻고……." 하였으니 겨우내 식량으로 김장을 담그는 일이 가사 중 큰 행사였음을 알 수 있다.

김장김치는 지역에 따라 다른데, 그것은 기온 차이에서 비롯된다. 북쪽 지방은 기온이 낮으므로 소금 간을 싱겁게 하고 양념도 담백하게 하여 채소의 신선함을 그대로 살리는 반면 남쪽 지방은 짜게 한다.

김장문화는 오랜 시간 세대를 거쳐 전승되고 재창조되어 2013년 12월 5일자로 유네스코에 인류무형문화유산으로 만장일치 등재되었다. 유네스코 등재과정 자료에 의하면, 김치는 양념과 젓갈로 버무린 한국식 저장채소로 계층과 지역을 막론하고 한국인들의 식사에서 빠질 수 없다. 김치를 만들기 위한 일련의 과정인 김장은 한국인의 정체성을 확인시켜 주며 가족 간 협력 증진의 중요한 기회이기도 하다. 또한 김장은 한국인들에게 인간이 자연과 어울려 사는 중요성을 다시 한 번 확인시켜 주기도 한다.

✱ 참고문헌

김치견문록(김만조 · 이규태, 디자인하우스, 2008)

문헌고찰을 통한 김치문화 활성화 방안(송혜숙, 문화산업연구, 2015)

한국의 김치 문화(이효지, 비교민속학, 2000)

3대가 쓴 한국의 전통음식(황혜성 외, ㈜교문사, 2010)

우리가 정말 알아야 할 우리 김치 백가지(황혜성 외, 현암사, 1999)

우리가 정말 알아야 할 우리 음식 백가지 1(황혜성 외, 현암사, 1998)

유네스코와 세계유산(http://www.unesco.or.kr/heritage)

memo

깍두기

재료

- 무 500g
- 굵은소금 1큰술
- 실파 50g
- 미나리 50g
- 고춧가루 3큰술
- 설탕 1큰술
- 마늘 1큰술
- 생강 1작은술
- 새우젓 3큰술

재료 확인하기
❶ 무의 품질 확인하기

재료 계량하기
❷ 배합표에 따라 재료를 정확하게 계량한다.

도구 준비하기
❸ 작업대, 계량저울, 계량스푼, 계량컵, 조리용 칼, 도마, 채반, 앞치마, 장갑(위생장갑, 면장갑, 고무장갑), 절이는 용기, 위생모자, 위생행주, 분리수거용 봉투 등을 준비한다.

재료 전처리하기
❹ 무는 깨끗이 다듬어 씻는다. 폭 2cm로 둥글게 썬 후 뉘어서 다시 2cm의 정육각형으로 깍둑썰기를 한다.
❺ 미나리, 실파는 다듬어서 2.5cm 길이로 자른다.
❻ 새우젓, 마늘, 생강은 곱게 다진다.

재료 절이기
❼ 깍둑썰기를 한 무는 소금을 뿌려 절인다.

김치 양념배합 및 담그기
❽ 무가 절여지면 고춧가루를 넣고 잘 버무려 고춧물이 들도록 하고 마늘, 생강, 새우젓, 설탕, 실파, 미나리를 넣고 버무린다.
❾ 버무리기가 완성되면 항아리나 용기에 깍두기를 꼭꼭 눌러 담는다. 실온에서 익혀 냉장고에 보관한다.

담아 완성하기
❿ 깍두기 담을 그릇을 선택하여 보기 좋게 담는다.

학습내용	평가항목	성취수준		
		상	중	하
김치 재료 준비하기	김치에 사용하는 재료를 필요량에 맞게 계량할 수 있다.			
	김치의 종류에 맞추어 도구와 재료를 준비할 수 있다.			
	재료에 따라 요구되는 전처리를 수행할 수 있다.			
	배추나 무 등의 김치 재료를 적정한 시간과 염도에 맞춰 절일 수 있다.			
김치 양념 배합하기	김치 종류에 따른 양념 재료를 비율대로 혼합, 조절할 수 있다.			
	김치 종류, 저장기간에 따라 양념의 비율을 조절할 수 있다.			
	양념을 용도에 맞게 활용할 수 있다.			
김치 담그기	김치의 특성에 맞도록 주재료에 부재료와 양념의 비율을 조절하여 소를 넣거나 버무릴 수 있다.			
	김치의 종류에 따라 국물의 양을 조절할 수 있다.			
	온도와 시간을 조절하여 숙성하여 보관할 수 있다.			
김치 담아 완성하기	김치의 종류에 따라 다양한 그릇을 선택할 수 있다.			
	적정한 온도를 유지하도록 담을 수 있다.			
	김치의 종류에 따라 조화롭게 담아낼 수 있다.			

학습자 완성품 사진

일일 개인위생 점검표(입실준비)

점검일 :　　 년　　 월　　 일　　　　　　이름:

점검 항목	착용 및 실시 여부	점검결과		
		양호	보통	미흡
조리모				
두발의 형태에 따른 손질(머리망 등)				
조리복 상의				
조리복 바지				
앞치마				
스카프				
안전화				
손톱의 길이 및 매니큐어 여부				
반지, 시계, 팔찌 등				
짙은 화장				
향수				
손 씻기				
상처유무 및 적절한 조치				
흰색 행주 지참				
사이드 타월				
개인용 조리도구				

일일 위생 점검표(퇴실준비)

점검일 :　　 년　　 월　　 일　　　　　　이름

점검 항목	실시 여부	점검결과		
		양호	보통	미흡
그릇, 기물 세척 및 정리정돈				
기계, 도구, 장비 세척 및 정리정돈				
작업대 청소 및 물기 제거				
가스레인지 또는 인덕션 청소				
양념통 정리				
남은 재료 정리정돈				
음식 쓰레기 처리				
개수대 청소				
수도 주변 및 세제 관리				
바닥 청소				
청소도구 정리정돈				
전기 및 Gas 체크				

배추김치

재료

- 통배추 1통(3kg)
- 무 600g
- 배 150g
- 쪽파 60g
- 미나리 60g
- 갓 60g
- 고춧가루 2컵
- 육수 2/3컵
- 새우젓 6큰술
- 설탕 2큰술
- 마늘 40g
- 생강 10g
- 까나리액젓 10큰술
- 물 1컵

소금물
- 굵은소금 2컵
- 물 2L

찹쌀풀
- 찹쌀가루 2큰술
- 물 2/3컵
- 소금 2/3작은술

재료 확인하기
❶ 배추, 무의 품질 확인하기

재료 계량하기
❷ 배합표에 따라 재료를 정확하게 계량한다.

도구 준비하기
❸ 작업대, 계량저울, 계량스푼, 계량컵, 조리용 칼, 도마, 채반, 앞치마, 장갑(위생장갑, 면장갑, 고무장갑), 절이는 용기, 위생모자, 위생행주, 분리수거용 봉투 등을 준비한다.

재료 전처리하기
❹ 배추는 겉잎을 다듬고 칼로 밑둥 부분에 5~10cm가량 칼집을 낸 다음 양손으로 벌려서 이등분한다.
❺ 무, 배는 껍질을 벗기고 0.5cm 두께로 채 썬다.
❻ 쪽파는 다듬어서 2cm 길이로 썬다.
❼ 미나리는 잎을 떼어내고 다듬어서 2cm 길이로 썬다.
❽ 갓은 누런 잎을 떼어내고 2cm 길이로 썬다.
❾ 마늘, 생강은 곱게 다진다.
❿ 찹쌀가루, 물, 소금을 섞어 풀을 쑤어 식힌다.

재료 절이기
⓫ 굵은소금을 줄기 쪽에 뿌리고 소금물에 담가 8시간 정도 절인다. 배추가 잘 절여지면 물에 헹구어 소쿠리에 담아 물기를 뺀다.

김치 양념배합
⓬ 큰 그릇에 고춧가루와 육수, 까나리액젓을 넣어 고춧가루를 불리고, 새우젓, 설탕, 마늘, 생강, 찹쌀풀, 무, 배, 쪽파, 미나리, 갓을 넣고 잘 버무려 김치 속을 만든다.

김치 담그기
⓭ 절임배추의 바깥쪽 잎부터 차례로 펴서 배추잎 사이사이에 고르게 양념소를 넣는다. 이때 양념의 밑둥 쪽에 양념소가 충분히 들어가도록 넣고 잎 부위는 양념이 묻도록 고루 바른다. 양념소 넣기가 끝나면 김치 포기 형태가 이루어지도록 모은 다음 항아리에 담는다. 항아리의 제일 위는 배추 겉대 절인 것으로 덮는다. 물 1컵을 양념그릇에 넣어 헹군 다음 항아리에 부어주고 꼭꼭 누른다. 실온에서 익히고 냉장고에 보관한다.

담아 완성하기
⓮ 배추김치 담을 그릇을 선택하여 보기 좋게 담는다.

학습내용	평가항목	성취수준		
		상	중	하
김치 재료 준비하기	김치에 사용하는 재료를 필요량에 맞게 계량할 수 있다.			
	김치의 종류에 맞추어 도구와 재료를 준비할 수 있다.			
	재료에 따라 요구되는 전처리를 수행할 수 있다.			
	배추나 무 등의 김치 재료를 적정한 시간과 염도에 맞춰 절일 수 있다.			
김치 양념 배합하기	김치 종류에 따른 양념 재료를 비율대로 혼합, 조절할 수 있다.			
	김치 종류, 저장기간에 따라 양념의 비율을 조절할 수 있다.			
	양념을 용도에 맞게 활용할 수 있다.			
김치 담그기	김치의 특성에 맞도록 주재료에 부재료와 양념의 비율을 조절하여 소를 넣거나 버무릴 수 있다.			
	김치의 종류에 따라 국물의 양을 조절할 수 있다.			
	온도와 시간을 조절하여 숙성하여 보관할 수 있다.			
김치 담아 완성하기	김치의 종류에 따라 다양한 그릇을 선택할 수 있다.			
	적정한 온도를 유지하도록 담을 수 있다.			
	김치의 종류에 따라 조화롭게 담아낼 수 있다.			

학습자 완성품 사진

일일 개인위생 점검표(입실준비)

점검일 :　　년　　월　　일　　　　이름:

점검 항목	착용 및 실시 여부	점검결과		
		양호	보통	미흡
조리모				
두발의 형태에 따른 손질(머리망 등)				
조리복 상의				
조리복 바지				
앞치마				
스카프				
안전화				
손톱의 길이 및 매니큐어 여부				
반지, 시계, 팔찌 등				
짙은 화장				
향수				
손 씻기				
상처유무 및 적절한 조치				
흰색 행주 지참				
사이드 타월				
개인용 조리도구				

일일 위생 점검표(퇴실준비)

점검일 :　　년　　월　　일　　　　이름

점검 항목	실시 여부	점검결과		
		양호	보통	미흡
그릇, 기물 세척 및 정리정돈				
기계, 도구, 장비 세척 및 정리정돈				
작업대 청소 및 물기 제거				
가스레인지 또는 인덕션 청소				
양념통 정리				
남은 재료 정리정돈				
음식 쓰레기 처리				
개수대 청소				
수도 주변 및 세제 관리				
바닥 청소				
청소도구 정리정돈				
전기 및 Gas 체크				

백김치

재료

- 통배추 1통(3kg)
- 무 400g
- 배 150g
- 밤 4개
- 석이버섯 5개
- 대추 3개
- 쪽파 30g
- 미나리 30g
- 갓 30g
- 마늘 20g
- 생강 5g
- 실고추 약간
- 설탕 1/2큰술
- 잣 1작은술

소금물
- 굵은소금 2컵
- 물 2L

찹쌀풀
- 찹쌀가루 2큰술
- 물 1컵

육수
- 다시마 1장
- 물 2컵

양념
- 물 10컵
- 설탕 2큰술
- 배 150g
- 새우젓 2큰술
- 소금 4큰술

재료 확인하기
❶ 배추, 무의 품질 확인하기

재료 계량하기
❷ 배합표에 따라 재료를 정확하게 계량한다.

도구 준비하기
❸ 작업대, 계량저울, 계량스푼, 계량컵, 조리용 칼, 도마, 채반, 앞치마, 장갑(위생장갑, 면장갑, 고무장갑), 절이는 용기, 위생모자, 위생행주, 분리수거용 봉투 등을 준비한다.

재료 전처리하기
❹ 배추는 겉잎을 떼어내고 반으로 자른다.
❺ 무는 껍질을 벗겨 채 썬다.
❻ 쪽파, 미나리, 갓은 다듬어서 4cm 길이로 썬다.
❼ 배, 밤, 대추는 채 썬다.
❽ 석이버섯은 물에 불려 손질하고 채 썬다.
❾ 마늘, 생강은 껍질을 벗기고 채 썬다.
❿ 실고추는 3cm 길이로 자른다.
⓫ 찹쌀가루를 물에 풀어 찹쌀풀을 쑨다.
⓬ 다시마는 찬물에 넣어 끓이고 물이 끓으면 바로 불을 끄고 식힌다.

재료 절이기
⓭ 굵은소금을 줄기 쪽에 뿌리고 소금물에 담가 8시간 이상을 절인다.
⓮ 배추가 잘 절여지면 물에 헹구어 소쿠리에 담아 물기를 뺀다.

김치 양념배합
⓯ 무, 쪽파, 미나리, 갓, 배, 밤, 대추, 석이버섯, 마늘, 생강, 설탕, 잣, 실고추를 섞어 소를 만든다.

김치 담그기
⓰ 배추잎 사이사이에 소를 넣고 배추 겉잎으로 감싸서 항아리에 눌러 담는다. 찹쌀풀, 다시마물, 양념을 고루 섞어 항아리에 부어 익힌다. 실온에서 익힌 뒤 냉장고에 보관한다.

담아 완성하기
⓱ 백김치 담을 그릇을 선택하여 보기 좋게 담는다.

학습내용	평가항목	성취수준		
		상	중	하
김치 재료 준비하기	김치에 사용하는 재료를 필요량에 맞게 계량할 수 있다.			
	김치의 종류에 맞추어 도구와 재료를 준비할 수 있다.			
	재료에 따라 요구되는 전처리를 수행할 수 있다.			
	배추나 무 등의 김치 재료를 적정한 시간과 염도에 맞춰 절일 수 있다.			
김치 양념 배합하기	김치 종류에 따른 양념 재료를 비율대로 혼합, 조절할 수 있다.			
	김치 종류, 저장기간에 따라 양념의 비율을 조절할 수 있다.			
	양념을 용도에 맞게 활용할 수 있다.			
김치 담그기	김치의 특성에 맞도록 주재료에 부재료와 양념의 비율을 조절하여 소를 넣거나 버무릴 수 있다.			
	김치의 종류에 따라 국물의 양을 조절할 수 있다.			
	온도와 시간을 조절하여 숙성하여 보관할 수 있다.			
김치 담아 완성하기	김치의 종류에 따라 다양한 그릇을 선택할 수 있다.			
	적정한 온도를 유지하도록 담을 수 있다.			
	김치의 종류에 따라 조화롭게 담아낼 수 있다.			

학습자 완성품 사진

일일 개인위생 점검표(입실준비)

점검일 :　　년　　월　　일　　　　　이름:

점검 항목	착용 및 실시 여부	점검결과		
		양호	보통	미흡
조리모				
두발의 형태에 따른 손질(머리망 등)				
조리복 상의				
조리복 바지				
앞치마				
스카프				
안전화				
손톱의 길이 및 매니큐어 여부				
반지, 시계, 팔찌 등				
짙은 화장				
향수				
손 씻기				
상처유무 및 적절한 조치				
흰색 행주 지참				
사이드 타월				
개인용 조리도구				

일일 위생 점검표(퇴실준비)

점검일 :　　년　　월　　일　　　　　이름

점검 항목	실시 여부	점검결과		
		양호	보통	미흡
그릇, 기물 세척 및 정리정돈				
기계, 도구, 장비 세척 및 정리정돈				
작업대 청소 및 물기 제거				
가스레인지 또는 인덕션 청소				
양념통 정리				
남은 재료 정리정돈				
음식 쓰레기 처리				
개수대 청소				
수도 주변 및 세제 관리				
바닥 청소				
청소도구 정리정돈				
전기 및 Gas 체크				

나박김치

재료

- 배추 70g
- 무 150g
- 굵은소금 1큰술
- 쪽파 10g
- 마늘 10g
- 생강 3g
- 붉은 고추 1/2개
- 미나리 20g
- 배 50g

김칫국

- 소금 2작은술
- 설탕 1/2작은술
- 물 2컵
- 고춧가루 1큰술
- 잣 1작은술

재료 확인하기

❶ 재료의 품질 확인하기

재료 계량하기

❷ 배합표에 따라 재료를 정확하게 계량한다.

도구 준비하기

❸ 작업대, 계량저울, 계량스푼, 계량컵, 조리용 칼, 도마, 채반, 앞치마, 장갑(위생장갑, 면장갑, 고무장갑), 절이는 용기, 위생모자, 위생행주, 분리수거용 봉투 등을 준비한다.

재료 전처리하기

❹ 배추는 연한 속대를 준비하여 2.5×3cm 크기로 썬다.
❺ 무는 껍질을 벗기고 2.5×3cm 크기로 썬다.
❻ 쪽파는 손질하여 3cm 길이로 썰고, 마늘, 생강은 껍질을 벗기고 씻어 곱게 채 썬다.
❼ 붉은 고추는 씨를 제거하고 3cm 길이로 채 썬다.
❽ 미나리는 잎을 떼어내어 다듬어 씻고 3cm 길이로 채 썬다.

재료 절이기

❾ 배추, 무는 소금에 절인다.

김치 양념배합

❿ 물에 소금, 설탕을 넣어 잘 녹이고 고춧가루는 면포에 싸서 조물조물 고춧물을 만든다.

김치 담그기

⓫ 김칫국에 배추, 무, 대파, 마늘, 생강, 붉은 고추를 섞어 항아리에 담아 익힌다.

담아 완성하기

⓬ 나박김치 담을 그릇을 선택하여 먹기 좋게 건더기와 국물을 담은 뒤 미나리, 잣은 먹기 직전에 넣어 그릇에 담으면 좋다.

학습내용	평가항목	성취수준		
		상	중	하
김치 재료 준비하기	김치에 사용하는 재료를 필요량에 맞게 계량할 수 있다.			
	김치의 종류에 맞추어 도구와 재료를 준비할 수 있다.			
	재료에 따라 요구되는 전처리를 수행할 수 있다.			
	배추나 무 등의 김치 재료를 적정한 시간과 염도에 맞춰 절일 수 있다.			
김치 양념 배합하기	김치 종류에 따른 양념 재료를 비율대로 혼합, 조절할 수 있다.			
	김치 종류, 저장기간에 따라 양념의 비율을 조절할 수 있다.			
	양념을 용도에 맞게 활용할 수 있다.			
김치 담그기	김치의 특성에 맞도록 주재료에 부재료와 양념의 비율을 조절하여 소를 넣거나 버무릴 수 있다.			
	김치의 종류에 따라 국물의 양을 조절할 수 있다.			
	온도와 시간을 조절하여 숙성하여 보관할 수 있다.			
김치 담아 완성하기	김치의 종류에 따라 다양한 그릇을 선택할 수 있다.			
	적정한 온도를 유지하도록 담을 수 있다.			
	김치의 종류에 따라 조화롭게 담아낼 수 있다.			

학습자 완성품 사진

일일 개인위생 점검표(입실준비)

점검일 : 년 월 일   이름:

점검 항목	착용 및 실시 여부	점검결과		
		양호	보통	미흡
조리모				
두발의 형태에 따른 손질(머리망 등)				
조리복 상의				
조리복 바지				
앞치마				
스카프				
안전화				
손톱의 길이 및 매니큐어 여부				
반지, 시계, 팔찌 등				
짙은 화장				
향수				
손 씻기				
상처유무 및 적절한 조치				
흰색 행주 지참				
사이드 타월				
개인용 조리도구				

일일 위생 점검표(퇴실준비)

점검일 : 년 월 일   이름

점검 항목	실시 여부	점검결과		
		양호	보통	미흡
그릇, 기물 세척 및 정리정돈				
기계, 도구, 장비 세척 및 정리정돈				
작업대 청소 및 물기 제거				
가스레인지 또는 인덕션 청소				
양념통 정리				
남은 재료 정리정돈				
음식 쓰레기 처리				
개수대 청소				
수도 주변 및 세제 관리				
바닥 청소				
청소도구 정리정돈				
전기 및 Gas 체크				

장김치

재료

- 배추속대 250g
- 무 130g
- 간장 1/2컵
- 배 50g
- 미나리 20g
- 갓 50g
- 석이버섯 3개
- 마른 표고버섯 1개
- 실고추 약간
- 밤 2개
- 잣 1작은술
- 쪽파 20g
- 마늘 5g
- 생강 2g
- 설탕 1/2큰술
- 물 2½컵

재료 확인하기

❶ 재료의 품질 확인하기

재료 계량하기

❷ 배합표에 따라 재료를 정확하게 계량한다.

도구 준비하기

❸ 작업대, 계량저울, 계량스푼, 계량컵, 조리용 칼, 도마, 채반, 앞치마, 장갑(위생장갑, 면장갑, 고무장갑), 절이는 용기, 위생모자, 위생행주, 분리수거용 봉투 등을 준비한다.

재료 전처리하기

❹ 배추속대는 3×3cm 크기로 썬다.
❺ 무, 배는 껍질을 벗기고 3×3cm 크기로 썬다.
❻ 미나리는 잎을 떼어 깨끗하게 손질하여 3cm 길이로 썬다.
❼ 갓은 누런 잎을 떼어내고 3cm 길이로 썬다.
❽ 석이버섯, 표고버섯은 불려서 가늘게 채 썬다.
❾ 실고추는 2~3cm 길이로 썬다.
❿ 밤은 껍질을 벗기고 편으로 썬다.
⓫ 잣은 고깔을 떼고 면포에 문질러둔다.
⓬ 쪽파는 손질하여 3cm 길이로 썬다.
⓭ 마늘, 생강도 가늘게 채 썬다.

재료 절이기

⓮ 배추, 무는 뒤적여가며 2시간 정도 간장에 절인다.

김치 양념배합

⓯ 배추, 무가 절여졌으면 간장물을 따라 내고 그 간장에 물 2½컵과 설탕 1/2큰술을 넣어 설탕이 녹도록 저어준다.

김치 담그기

⓰ 항아리에 준비된 재료를 담고 국물을 부어 냉장고에 보관한다.

담아 완성하기

⓱ 장김치 담을 그릇을 선택하여 보기 좋게 담는다.

학습내용	평가항목	성취수준		
		상	중	하
김치 재료 준비하기	김치에 사용하는 재료를 필요량에 맞게 계량할 수 있다.			
	김치의 종류에 맞추어 도구와 재료를 준비할 수 있다.			
	재료에 따라 요구되는 전처리를 수행할 수 있다.			
	배추나 무 등의 김치 재료를 적정한 시간과 염도에 맞춰 절일 수 있다.			
김치 양념 배합하기	김치 종류에 따른 양념 재료를 비율대로 혼합, 조절할 수 있다.			
	김치 종류, 저장기간에 따라 양념의 비율을 조절할 수 있다.			
	양념을 용도에 맞게 활용할 수 있다.			
김치 담그기	김치의 특성에 맞도록 주재료에 부재료와 양념의 비율을 조절하여 소를 넣거나 버무릴 수 있다.			
	김치의 종류에 따라 국물의 양을 조절할 수 있다.			
	온도와 시간을 조절하여 숙성하여 보관할 수 있다.			
김치 담아 완성하기	김치의 종류에 따라 다양한 그릇을 선택할 수 있다.			
	적정한 온도를 유지하도록 담을 수 있다.			
	김치의 종류에 따라 조화롭게 담아낼 수 있다.			

학습자 완성품 사진

일일 개인위생 점검표(입실준비)

점검일 :　　년　　월　　일　　　　　　이름:

점검 항목	착용 및 실시 여부	점검결과		
		양호	보통	미흡
조리모				
두발의 형태에 따른 손질(머리망 등)				
조리복 상의				
조리복 바지				
앞치마				
스카프				
안전화				
손톱의 길이 및 매니큐어 여부				
반지, 시계, 팔찌 등				
짙은 화장				
향수				
손 씻기				
상처유무 및 적절한 조치				
흰색 행주 지참				
사이드 타월				
개인용 조리도구				

일일 위생 점검표(퇴실준비)

점검일 :　　년　　월　　일　　　　　　이름

점검 항목	실시 여부	점검결과		
		양호	보통	미흡
그릇, 기물 세척 및 정리정돈				
기계, 도구, 장비 세척 및 정리정돈				
작업대 청소 및 물기 제거				
가스레인지 또는 인덕션 청소				
양념통 정리				
남은 재료 정리정돈				
음식 쓰레기 처리				
개수대 청소				
수도 주변 및 세제 관리				
바닥 청소				
청소도구 정리정돈				
전기 및 Gas 체크				

열무김치

재료

- 열무 1kg
- 풋고추 5개
- 붉은 고추 2개
- 쪽파 100g
- 양파 150g

밀가루풀
- 밀가루 2큰술
- 물 1컵

소금물
- 굵은소금 1/2컵
- 물 5컵

양념
- 마늘 45g
- 생강 25g
- 붉은 고추 8개
- 소금 1큰술

재료 확인하기
❶ 열무의 품질 확인하기

재료 계량하기
❷ 배합표에 따라 재료를 정확하게 계량한다.

도구 준비하기
❸ 작업대, 계량저울, 계량스푼, 계량컵, 조리용 칼, 도마, 채반, 앞치마, 장갑(위생장갑, 면장갑, 고무장갑), 절이는 용기, 위생모자, 위생행주, 분리수거용 봉투 등을 준비한다.

재료 전처리하기
❹ 열무는 다듬어 5cm 길이로 썬다.
❺ 쪽파는 다듬어 3cm로 길이로 썬다.
❻ 풋고추, 붉은 고추는 어슷하게 썬다.
❼ 밀가루를 물에 잘 섞어 풀을 쑨 뒤 차게 식힌다.

재료 절이기
❽ 열무 썬 것을 소금물에 절인다.
❾ 절인 열무는 깨끗이 씻어 물기를 뺀다.

김치 양념배합
❿ 분마기에 붉은 고추, 마늘, 생강, 소금을 함께 넣어 간 뒤 밀가루풀과 섞어 김치 양념을 만든다.

김치 담그기
⓫ 김치 양념을 절인 열무에 버무린다. 버무리기가 완성되면 항아리에 열무김치를 담는다. 남은 양념에 소금 간을 하고 물을 조금 섞어 김칫국으로 붓고 뚜껑을 덮어 익힌다. 더운 여름철에는 하루 만에 익으므로 바로 냉장고나 김치냉장고에 넣는다.

담아 완성하기
⓬ 열무김치 담을 그릇을 준비하여 보기 좋게 담는다.

학습내용	평가항목	성취수준		
		상	중	하
김치 재료 준비하기	김치에 사용하는 재료를 필요량에 맞게 계량할 수 있다.			
	김치의 종류에 맞추어 도구와 재료를 준비할 수 있다.			
	재료에 따라 요구되는 전처리를 수행할 수 있다.			
	배추나 무 등의 김치 재료를 적정한 시간과 염도에 맞춰 절일 수 있다.			
김치 양념 배합하기	김치 종류에 따른 양념 재료를 비율대로 혼합, 조절할 수 있다.			
	김치 종류, 저장기간에 따라 양념의 비율을 조절할 수 있다.			
	양념을 용도에 맞게 활용할 수 있다.			
김치 담그기	김치의 특성에 맞도록 주재료에 부재료와 양념의 비율을 조절하여 소를 넣거나 버무릴 수 있다.			
	김치의 종류에 따라 국물의 양을 조절할 수 있다.			
	온도와 시간을 조절하여 숙성하여 보관할 수 있다.			
김치 담아 완성하기	김치의 종류에 따라 다양한 그릇을 선택할 수 있다.			
	적정한 온도를 유지하도록 담을 수 있다.			
	김치의 종류에 따라 조화롭게 담아낼 수 있다.			

학습자 완성품 사진

일일 개인위생 점검표(입실준비)

점검일 : 　년　 월　 일　　　　　이름:

점검 항목	착용 및 실시 여부	점검결과		
		양호	보통	미흡
조리모				
두발의 형태에 따른 손질(머리망 등)				
조리복 상의				
조리복 바지				
앞치마				
스카프				
안전화				
손톱의 길이 및 매니큐어 여부				
반지, 시계, 팔찌 등				
짙은 화장				
향수				
손 씻기				
상처유무 및 적절한 조치				
흰색 행주 지참				
사이드 타월				
개인용 조리도구				

일일 위생 점검표(퇴실준비)

점검일 : 　년　 월　 일　　　　　이름

점검 항목	실시 여부	점검결과		
		양호	보통	미흡
그릇, 기물 세척 및 정리정돈				
기계, 도구, 장비 세척 및 정리정돈				
작업대 청소 및 물기 제거				
가스레인지 또는 인덕션 청소				
양념통 정리				
남은 재료 정리정돈				
음식 쓰레기 처리				
개수대 청소				
수도 주변 및 세제 관리				
바닥 청소				
청소도구 정리정돈				
전기 및 Gas 체크				

열무물김치

재료

- 열무 2kg
- 감자 150g
- 풋고추 4개
- 붉은 고추 2개
- 쪽파 50g
- 마늘 30g
- 생강 15g
- 고춧가루 4큰술

밀가루풀

- 밀가루 10g
- 물 7컵
- 소금 30g

소금물

- 굵은소금 1/2컵
- 물 5컵

재료 확인하기

❶ 열무의 품질 확인하기

재료 계량하기

❷ 배합표에 따라 재료를 정확하게 계량한다.

도구 준비하기

❸ 작업대, 계량저울, 계량스푼, 계량컵, 조리용 칼, 도마, 채반, 앞치마, 장갑(위생장갑, 면장갑, 고무장갑), 절이는 용기, 위생모자, 위생행주, 분리수거용 봉투 등을 준비한다.

재료 전처리하기

❹ 열무는 다듬어 5cm 정도로 자른다.
❺ 쪽파는 4cm 길이로 썬다.
❻ 풋고추와 붉은 고추는 어슷하게 썰고 물에 헹구어 씨를 없앤다.
❼ 마늘, 생강은 곱게 다진다.
❽ 냄비에 물, 밀가루를 잘 풀어서 끓여 소금으로 간을 맞춘 후 식힌다.
❾ 감자는 껍질을 벗기고 0.5cm 두께로 썰어 물 3컵을 넣고 삶아 식힌 뒤 고운체에 거른다.

재료 절이기

❿ 자른 열무는 소금물에 절인다.
⓫ 절인 열무는 깨끗이 씻어 물기를 제거한다.

김치 양념배합

⓬ 믹싱볼에 고춧가루, 쪽파, 마늘, 생강, 풋고추, 붉은 고추를 넣고 살짝 버무린다.

김치 담그기

⓭ 버무린 양념에 절인 열무를 넣고 버무려 항아리에 담고 식힌 밀가루풀과 감자 삶아 거른 것에 김칫국을 부어 뚜껑을 덮어 익힌다. 더운 여름철에는 하루 만에 익으므로 냉장고나 김치냉장고에 바로 넣는다.

담아 완성하기

⓮ 열무물김치 담을 그릇을 선택하여 건더기와 국물을 적당하게 담는다.

학습내용	평가항목	성취수준		
		상	중	하
김치 재료 준비하기	김치에 사용하는 재료를 필요량에 맞게 계량할 수 있다.			
	김치의 종류에 맞추어 도구와 재료를 준비할 수 있다.			
	재료에 따라 요구되는 전처리를 수행할 수 있다.			
	배추나 무 등의 김치 재료를 적정한 시간과 염도에 맞춰 절일 수 있다.			
김치 양념 배합하기	김치 종류에 따른 양념 재료를 비율대로 혼합, 조절할 수 있다.			
	김치 종류, 저장기간에 따라 양념의 비율을 조절할 수 있다.			
	양념을 용도에 맞게 활용할 수 있다.			
김치 담그기	김치의 특성에 맞도록 주재료에 부재료와 양념의 비율을 조절하여 소를 넣거나 버무릴 수 있다.			
	김치의 종류에 따라 국물의 양을 조절할 수 있다.			
	온도와 시간을 조절하여 숙성하여 보관할 수 있다.			
김치 담아 완성하기	김치의 종류에 따라 다양한 그릇을 선택할 수 있다.			
	적정한 온도를 유지하도록 담을 수 있다.			
	김치의 종류에 따라 조화롭게 담아낼 수 있다.			

학습자 완성품 사진

일일 개인위생 점검표(입실준비)

점검일 :　　년　　월　　일　　　　　이름:

점검 항목	착용 및 실시 여부	점검결과		
		양호	보통	미흡
조리모				
두발의 형태에 따른 손질(머리망 등)				
조리복 상의				
조리복 바지				
앞치마				
스카프				
안전화				
손톱의 길이 및 매니큐어 여부				
반지, 시계, 팔찌 등				
짙은 화장				
향수				
손 씻기				
상처유무 및 적절한 조치				
흰색 행주 지참				
사이드 타월				
개인용 조리도구				

일일 위생 점검표(퇴실준비)

점검일 :　　년　　월　　일　　　　　이름

점검 항목	실시 여부	점검결과		
		양호	보통	미흡
그릇, 기물 세척 및 정리정돈				
기계, 도구, 장비 세척 및 정리정돈				
작업대 청소 및 물기 제거				
가스레인지 또는 인덕션 청소				
양념통 정리				
남은 재료 정리정돈				
음식 쓰레기 처리				
개수대 청소				
수도 주변 및 세제 관리				
바닥 청소				
청소도구 정리정돈				
전기 및 Gas 체크				

총각김치

재료

- 알타리무 2.6kg
- 쪽파 100g
- 갓 100g
- 마늘 45g
- 생강 5g
- 새우젓 1/4컵
- 멸치액젓 1/4컵
- 굵은 고춧가루 60g
- 설탕 1큰술
- 소금 1작은술

찹쌀풀
- 물 1컵
- 찹쌀가루 2큰술

소금물
- 굵은소금 1컵
- 물 3컵

재료 확인하기
❶ 재료의 품질 확인하기

재료 계량하기
❷ 배합표에 따라 재료를 정확하게 계량한다.

도구 준비하기
❸ 작업대, 계량저울, 계량스푼, 계량컵, 조리용 칼, 도마, 채반, 앞치마, 장갑(위생장갑, 면장갑, 고무장갑), 절이는 용기, 위생모자, 위생행주, 분리수거용 봉투 등을 준비한다.

재료 전처리하기
❹ 총각무의 무청 겉대는 떼고 무청을 떼낸 부분은 깔끔하게 도려낸다. 껍질은 벗기지 않고 상한 부분만 조금씩 칼로 도려내고 말끔하게 문질러 씻는다.
❺ 쪽파, 갓도 다듬어 씻어 7cm 길이로 썬다.
❻ 생강, 마늘은 껍질을 벗겨 다진다.
❼ 새우젓은 건더기만 건져 굵게 다지고 젓국은 남긴다.
❽ 찹쌀풀을 쑨다.

재료 절이기
❾ 알타리무는 소금물에 3~4시간 정도 절인다.
❿ 쪽파와 갓은 총각무와 함께 절이되 많이 절여지지 않게 나중에 넣어 절인다.
⓫ 절인 무와 갓, 파를 한두 번만 헹구어 건져 큰 양푼에 담는다.

김치 양념배합
⓬ 멸치액젓과 찹쌀풀에 고춧가루를 불린 후 다진 마늘, 생강, 새우젓, 설탕, 소금을 넣어 고루 섞어서 김치 양념을 만든다. 양념이 빡빡하지 않고 재료에 잘 발라질 정도로 한다.
  * 양념을 섞은 다음 1~2시간 두었다가 쓰는 것이 좋다. 그래야 고춧가루도 까칠하지 않게 충분히 불어나고 양념의 맛이 서로 어우러진다.

김치 담그기
⓭ 알타리무에 양념을 넣어 버무린 뒤 항아리에 차곡차곡 담는다. 항아리에 꼭꼭 눌러 담고 무청, 우거지로 덮는다. 실온에서 익혀 냉장고에 보관한다.
  * 오래 두었다 먹으려면 웃소금을 뿌려둔다.

담아 완성하기
⓮ 총각김치 담을 그릇을 선택하여 보기 좋게 담는다.

학습내용	평가항목	성취수준		
		상	중	하
김치 재료 준비하기	김치에 사용하는 재료를 필요량에 맞게 계량할 수 있다.			
	김치의 종류에 맞추어 도구와 재료를 준비할 수 있다.			
	재료에 따라 요구되는 전처리를 수행할 수 있다.			
	배추나 무 등의 김치 재료를 적정한 시간과 염도에 맞춰 절일 수 있다.			
김치 양념 배합하기	김치 종류에 따른 양념 재료를 비율대로 혼합, 조절할 수 있다.			
	김치 종류, 저장기간에 따라 양념의 비율을 조절할 수 있다.			
	양념을 용도에 맞게 활용할 수 있다.			
김치 담그기	김치의 특성에 맞도록 주재료에 부재료와 양념의 비율을 조절하여 소를 넣거나 버무릴 수 있다.			
	김치의 종류에 따라 국물의 양을 조절할 수 있다.			
	온도와 시간을 조절하여 숙성하여 보관할 수 있다.			
김치 담아 완성하기	김치의 종류에 따라 다양한 그릇을 선택할 수 있다.			
	적정한 온도를 유지하도록 담을 수 있다.			
	김치의 종류에 따라 조화롭게 담아낼 수 있다.			

학습자 완성품 사진

일일 개인위생 점검표(입실준비)

점검일 :　년　월　일　　　　이름:

점검 항목	착용 및 실시 여부	점검결과		
		양호	보통	미흡
조리모				
두발의 형태에 따른 손질(머리망 등)				
조리복 상의				
조리복 바지				
앞치마				
스카프				
안전화				
손톱의 길이 및 매니큐어 여부				
반지, 시계, 팔찌 등				
짙은 화장				
향수				
손 씻기				
상처유무 및 적절한 조치				
흰색 행주 지참				
사이드 타월				
개인용 조리도구				

일일 위생 점검표(퇴실준비)

점검일 :　년　월　일　　　　이름

점검 항목	실시 여부	점검결과		
		양호	보통	미흡
그릇, 기물 세척 및 정리정돈				
기계, 도구, 장비 세척 및 정리정돈				
작업대 청소 및 물기 제거				
가스레인지 또는 인덕션 청소				
양념통 정리				
남은 재료 정리정돈				
음식 쓰레기 처리				
개수대 청소				
수도 주변 및 세제 관리				
바닥 청소				
청소도구 정리정돈				
전기 및 Gas 체크				

얼갈이김치

재료
- 얼갈이배추 2kg
- 풋고추 4개
- 붉은 고추 2개
- 쪽파 100g

양념
- 붉은 고추 6개
- 양파 200g
- 마늘 50g
- 고춧가루 5큰술
- 소금 3큰술
- 까나리액젓 2큰술
- 물 100g

밀가루풀
- 물 2컵
- 밀가루 2큰술

소금물
- 굵은소금 1/2컵
- 물 2컵

재료 확인하기
❶ 재료의 품질 확인하기

재료 계량하기
❷ 배합표에 따라 재료를 정확하게 계량한다.

도구 준비하기
❸ 작업대, 계량저울, 계량스푼, 계량컵, 조리용 칼, 도마, 채반, 앞치마, 장갑(위생장갑, 면장갑, 고무장갑), 절이는 용기, 위생모자, 위생행주, 분리수거용 봉투 등을 준비한다.

재료 전처리하기
❹ 얼갈이배추는 여러 번 씻는다.
❺ 쪽파는 5cm 길이로 썬다.
❻ 풋고추, 붉은 고추는 어슷하게 썬다.
❼ 밀가루로 풀을 쑨 후 식힌다.

재료 절이기
❽ 소금물에 얼갈이배추를 절인다.

김치 양념배합
❾ 양념재료를 곱게 갈아 밀가루풀에 섞어 양념을 만든다.

김치 담그기
❿ 절여진 얼갈이배추에 속을 넣어 항아리에 차곡차곡 담는다. 실온에서 익은 후 냉장고에 보관한다.

담아 완성하기
⓫ 얼갈이김치 담을 그릇을 선택하여 보기 좋게 담는다.

학습평가

학습내용	평가항목	성취수준		
		상	중	하
김치 재료 준비하기	김치에 사용하는 재료를 필요량에 맞게 계량할 수 있다.			
	김치의 종류에 맞추어 도구와 재료를 준비할 수 있다.			
	재료에 따라 요구되는 전처리를 수행할 수 있다.			
	배추나 무 등의 김치 재료를 적정한 시간과 염도에 맞춰 절일 수 있다.			
김치 양념 배합하기	김치 종류에 따른 양념 재료를 비율대로 혼합, 조절할 수 있다.			
	김치 종류, 저장기간에 따라 양념의 비율을 조절할 수 있다.			
	양념을 용도에 맞게 활용할 수 있다.			
김치 담그기	김치의 특성에 맞도록 주재료에 부재료와 양념의 비율을 조절하여 소를 넣거나 버무릴 수 있다.			
	김치의 종류에 따라 국물의 양을 조절할 수 있다.			
	온도와 시간을 조절하여 숙성하여 보관할 수 있다.			
김치 담아 완성하기	김치의 종류에 따라 다양한 그릇을 선택할 수 있다.			
	적정한 온도를 유지하도록 담을 수 있다.			
	김치의 종류에 따라 조화롭게 담아낼 수 있다.			

학습자 완성품 사진

일일 개인위생 점검표(입실준비)

점검일 :　　년　　월　　일　　　　이름:

점검 항목	착용 및 실시 여부	점검결과		
		양호	보통	미흡
조리모				
두발의 형태에 따른 손질(머리망 등)				
조리복 상의				
조리복 바지				
앞치마				
스카프				
안전화				
손톱의 길이 및 매니큐어 여부				
반지, 시계, 팔찌 등				
짙은 화장				
향수				
손 씻기				
상처유무 및 적절한 조치				
흰색 행주 지참				
사이드 타월				
개인용 조리도구				

일일 위생 점검표(퇴실준비)

점검일 :　　년　　월　　일　　　　이름

점검 항목	실시 여부	점검결과		
		양호	보통	미흡
그릇, 기물 세척 및 정리정돈				
기계, 도구, 장비 세척 및 정리정돈				
작업대 청소 및 물기 제거				
가스레인지 또는 인덕션 청소				
양념통 정리				
남은 재료 정리정돈				
음식 쓰레기 처리				
개수대 청소				
수도 주변 및 세제 관리				
바닥 청소				
청소도구 정리정돈				
전기 및 Gas 체크				

풋고추김치

재료

- 풋고추 400g
- 무 200g
- 실파 100g
- 배 150g
- 소금 약간
- 물 1컵

양념

- 멸치액젓 5큰술
- 굵은 고춧가루 40g
- 마늘 25g
- 생강 5g
- 설탕 1큰술
- 소금 1작은술

소금물

- 굵은소금 3큰술
- 물 3컵

재료 확인하기
❶ 재료의 품질 확인하기

재료 계량하기
❷ 배합표에 따라 재료를 정확하게 계량한다.

도구 준비하기
❸ 작업대, 계량저울, 계량스푼, 계량컵, 조리용 칼, 도마, 채반, 앞치마, 장갑(위생장갑, 면장갑, 고무장갑), 절이는 용기, 위생모자, 위생행주, 분리수거용 봉투 등을 준비한다.

재료 전처리하기
❹ 풋고추는 부드럽고 통통한 것으로 골라 꼭지를 짧게 자르고 양끝을 1cm씩 남기고 길이로 4번 갈라 고추씨를 제거한다.
❺ 무, 배는 껍질을 벗기고 3cm 길이로 채 썬다.
❻ 실파는 3cm 길이로 썬다.
❼ 생강, 마늘은 껍질을 벗겨 곱게 다진다.

재료 절이기
❽ 고추는 소금물에 절인 후 물기를 제거한다.

김치 양념배합
❾ 멸치액젓에 고춧가루를 불린 후 양념재료를 넣고 고루 섞어 김치 양념을 만든다. 무, 배, 실파를 넣어 양념소를 만든다.

김치 담그기
❿ 절인 고추에 양념소를 꼭꼭 채워 넣는다. 항아리에 차곡차곡 쌓은 다음, 김치 버무린 그릇에 물을 타서 소금으로 간을 맞추어 항아리에 붓는다. 실온에서 익혀 냉장고에 보관한다.

담아 완성하기
⓫ 풋고추김치 담을 그릇을 선택하여 보기 좋게 담는다.

학습평가

학습내용	평가항목	성취수준 상	중	하
김치 재료 준비하기	김치에 사용하는 재료를 필요량에 맞게 계량할 수 있다.			
	김치의 종류에 맞추어 도구와 재료를 준비할 수 있다.			
	재료에 따라 요구되는 전처리를 수행할 수 있다.			
	배추나 무 등의 김치 재료를 적정한 시간과 염도에 맞춰 절일 수 있다.			
김치 양념 배합하기	김치 종류에 따른 양념 재료를 비율대로 혼합, 조절할 수 있다.			
	김치 종류, 저장기간에 따라 양념의 비율을 조절할 수 있다.			
	양념을 용도에 맞게 활용할 수 있다.			
김치 담그기	김치의 특성에 맞도록 주재료에 부재료와 양념의 비율을 조절하여 소를 넣거나 버무릴 수 있다.			
	김치의 종류에 따라 국물의 양을 조절할 수 있다.			
	온도와 시간을 조절하여 숙성하여 보관할 수 있다.			
김치 담아 완성하기	김치의 종류에 따라 다양한 그릇을 선택할 수 있다.			
	적정한 온도를 유지하도록 담을 수 있다.			
	김치의 종류에 따라 조화롭게 담아낼 수 있다.			

학습자 완성품 사진

일일 개인위생 점검표(입실준비)

점검일 :　　년　　월　　일　　　　이름:

점검 항목	착용 및 실시 여부	점검결과		
		양호	보통	미흡
조리모				
두발의 형태에 따른 손질(머리망 등)				
조리복 상의				
조리복 바지				
앞치마				
스카프				
안전화				
손톱의 길이 및 매니큐어 여부				
반지, 시계, 팔찌 등				
짙은 화장				
향수				
손 씻기				
상처유무 및 적절한 조치				
흰색 행주 지참				
사이드 타월				
개인용 조리도구				

일일 위생 점검표(퇴실준비)

점검일 :　　년　　월　　일　　　　이름

점검 항목	실시 여부	점검결과		
		양호	보통	미흡
그릇, 기물 세척 및 정리정돈				
기계, 도구, 장비 세척 및 정리정돈				
작업대 청소 및 물기 제거				
가스레인지 또는 인덕션 청소				
양념통 정리				
남은 재료 정리정돈				
음식 쓰레기 처리				
개수대 청소				
수도 주변 및 세제 관리				
바닥 청소				
청소도구 정리정돈				
전기 및 Gas 체크				

파김치

재료
- 쪽파 400g

양념
- 멸치액젓 5큰술
- 굵은 고춧가루 6큰술
- 새우젓 1큰술
- 생강 5g
- 설탕 2/3큰술
- 통깨 1큰술

찹쌀풀
- 찹쌀가루 3큰술
- 물 1/2컵

재료 확인하기
❶ 파의 품질 확인하기

재료 계량하기
❷ 배합표에 따라 재료를 정확하게 계량한다.

도구 준비하기
❸ 작업대, 계량저울, 계량스푼, 계량컵, 조리용 칼, 도마, 채반, 앞치마, 장갑(위생장갑, 면장갑, 고무장갑), 절이는 용기, 위생모자, 위생행주, 분리수거용 봉투 등을 준비한다.

재료 전처리하기
❹ 쪽파는 다듬어서 깨끗하게 씻는다.
❺ 찹쌀가루를 물에 풀어 죽을 쑨다.
❻ 생강은 강판에 갈아 즙을 만든다.

김치 양념배합
❼ 멸치액젓, 찹쌀풀, 고춧가루, 새우젓, 생강즙, 설탕, 통깨를 넣어 양념을 버무린다.

김치 담그기
❽ 김치 양념을 쪽파에 버무린 뒤 항아리에 담아 완성한다.

담아 완성하기
❾ 파김치 담을 그릇을 선택하여 보기 좋게 담는다.

학습내용	평가항목	성취수준		
		상	중	하
김치 재료 준비하기	김치에 사용하는 재료를 필요량에 맞게 계량할 수 있다.			
	김치의 종류에 맞추어 도구와 재료를 준비할 수 있다.			
	재료에 따라 요구되는 전처리를 수행할 수 있다.			
	배추나 무 등의 김치 재료를 적정한 시간과 염도에 맞춰 절일 수 있다.			
김치 양념 배합하기	김치 종류에 따른 양념 재료를 비율대로 혼합, 조절할 수 있다.			
	김치 종류, 저장기간에 따라 양념의 비율을 조절할 수 있다.			
	양념을 용도에 맞게 활용할 수 있다.			
김치 담그기	김치의 특성에 맞도록 주재료에 부재료와 양념의 비율을 조절하여 소를 넣거나 버무릴 수 있다.			
	김치의 종류에 따라 국물의 양을 조절할 수 있다.			
	온도와 시간을 조절하여 숙성하여 보관할 수 있다.			
김치 담아 완성하기	김치의 종류에 따라 다양한 그릇을 선택할 수 있다.			
	적정한 온도를 유지하도록 담을 수 있다.			
	김치의 종류에 따라 조화롭게 담아낼 수 있다.			

학습자 완성품 사진

일일 개인위생 점검표(입실준비)

점검일 :   년   월   일   이름:

점검 항목	착용 및 실시 여부	점검결과		
		양호	보통	미흡
조리모				
두발의 형태에 따른 손질(머리망 등)				
조리복 상의				
조리복 바지				
앞치마				
스카프				
안전화				
손톱의 길이 및 매니큐어 여부				
반지, 시계, 팔찌 등				
짙은 화장				
향수				
손 씻기				
상처유무 및 적절한 조치				
흰색 행주 지참				
사이드 타월				
개인용 조리도구				

일일 위생 점검표(퇴실준비)

점검일 :   년   월   일   이름

점검 항목	실시 여부	점검결과		
		양호	보통	미흡
그릇, 기물 세척 및 정리정돈				
기계, 도구, 장비 세척 및 정리정돈				
작업대 청소 및 물기 제거				
가스레인지 또는 인덕션 청소				
양념통 정리				
남은 재료 정리정돈				
음식 쓰레기 처리				
개수대 청소				
수도 주변 및 세제 관리				
바닥 청소				
청소도구 정리정돈				
전기 및 Gas 체크				

부추김치

재료
- 부추 500g
- 풋고추 2개
- 붉은 고추 2개

밀가루풀
- 밀가루 2작은술
- 물 150mL

양념
- 굵은 고춧가루 1/2컵
- 멸치액젓 1/2컵
- 설탕 1큰술
- 참깨 1큰술

재료 확인하기
❶ 재료의 품질 확인하기

재료 계량하기
❷ 배합표에 따라 재료를 정확하게 계량한다.

도구 준비하기
❸ 작업대, 계량저울, 계량스푼, 계량컵, 조리용 칼, 도마, 채반, 앞치마, 장갑(위생장갑, 면장갑, 고무장갑), 절이는 용기, 위생모자, 위생행주, 분리수거용 봉투 등을 준비한다.

재료 전처리하기
❹ 부추는 다듬어 깨끗이 씻은 뒤 5cm 길이로 썬다.
❺ 풋고추, 붉은 고추는 어슷하게 썰어 씨를 뺀다.
❻ 물에 밀가루를 풀어 밀가루풀을 쑤어 식힌다.

김치 양념배합
❼ 밀가루풀, 고춧가루, 액젓, 설탕, 참깨를 넣고 잘 섞어 양념을 만든다.

김치 담그기
❽ 준비된 재료에 양념을 넣어 잘 버무린다. 항아리에 부추김치를 담아 냉장고에 보관한다.

담아 완성하기
❾ 부추김치 담을 그릇을 선택하여 보기 좋게 담는다.

학습내용	평가항목	성취수준		
		상	중	하
김치 재료 준비하기	김치에 사용하는 재료를 필요량에 맞게 계량할 수 있다.			
	김치의 종류에 맞추어 도구와 재료를 준비할 수 있다.			
	재료에 따라 요구되는 전처리를 수행할 수 있다.			
	배추나 무 등의 김치 재료를 적정한 시간과 염도에 맞춰 절일 수 있다.			
김치 양념 배합하기	김치 종류에 따른 양념 재료를 비율대로 혼합, 조절할 수 있다.			
	김치 종류, 저장기간에 따라 양념의 비율을 조절할 수 있다.			
	양념을 용도에 맞게 활용할 수 있다.			
김치 담그기	김치의 특성에 맞도록 주재료에 부재료와 양념의 비율을 조절하여 소를 넣거나 버무릴 수 있다.			
	김치의 종류에 따라 국물의 양을 조절할 수 있다.			
	온도와 시간을 조절하여 숙성하여 보관할 수 있다.			
김치 담아 완성하기	김치의 종류에 따라 다양한 그릇을 선택할 수 있다.			
	적정한 온도를 유지하도록 담을 수 있다.			
	김치의 종류에 따라 조화롭게 담아낼 수 있다.			

학습자 완성품 사진

일일 개인위생 점검표(입실준비)

점검일 :　　년　　월　　일　　　　　이름:

점검 항목	착용 및 실시 여부	점검결과		
		양호	보통	미흡
조리모				
두발의 형태에 따른 손질(머리망 등)				
조리복 상의				
조리복 바지				
앞치마				
스카프				
안전화				
손톱의 길이 및 매니큐어 여부				
반지, 시계, 팔찌 등				
짙은 화장				
향수				
손 씻기				
상처유무 및 적절한 조치				
흰색 행주 지참				
사이드 타월				
개인용 조리도구				

일일 위생 점검표(퇴실준비)

점검일 :　　년　　월　　일　　　　　이름

점검 항목	실시 여부	점검결과		
		양호	보통	미흡
그릇, 기물 세척 및 정리정돈				
기계, 도구, 장비 세척 및 정리정돈				
작업대 청소 및 물기 제거				
가스레인지 또는 인덕션 청소				
양념통 정리				
남은 재료 정리정돈				
음식 쓰레기 처리				
개수대 청소				
수도 주변 및 세제 관리				
바닥 청소				
청소도구 정리정돈				
전기 및 Gas 체크				

오이물김치

재료

- 오이 500g
- 무 50g
- 배 50g
- 실파 10g
- 미나리 10g
- 붉은 고추 1/2개
- 마늘 10g
- 생강 5g
- 설탕 1큰술
- 소금 20g
- 물 5컵

밀가루풀
- 밀가루 2큰술
- 물 6컵

소금물
- 굵은소금 3큰술
- 물 2컵

재료 확인하기
❶ 재료의 품질 확인하기
 * 오이는 곧고 싱싱한 것으로 고른다.

재료 계량하기
❷ 배합표에 따라 재료를 정확하게 계량한다.

도구 준비하기
❸ 작업대, 계량저울, 계량스푼, 계량컵, 조리용 칼, 도마, 채반, 앞치마, 장갑(위생장갑, 면장갑, 고무장갑), 절이는 용기, 위생모자, 위생행주, 분리수거용 봉투 등을 준비한다.

재료 전처리하기
❹ 오이는 소금으로 문질러 씻은 후 2cm 길이로 잘라 열십자로 칼집을 넣는다.
❺ 무, 배는 껍질을 벗겨 2cm 길이로 채 썬다.
❻ 실파, 미나리는 다듬어서 2cm 길이로 썬다.
❼ 붉은 고추는 반으로 갈라 씨를 털어내고 1cm 길이로 채 썬다.
❽ 마늘, 생강은 곱게 다진다.
❾ 밀가루풀을 끓여 식힌다.

재료 절이기
❿ 오이는 소금물에 충분히 절인 다음 물기를 빼놓는다.

김치 양념배합
⓫ 오이를 제외한 모든 재료를 버무려 소를 만든다.

김치 담그기
⓬ 오이 칼집 사이사이에 소를 넣는다. 식힌 밀가루풀을 김칫국으로 붓고 항아리에 담아 뚜껑을 덮어 익힌다.

담아 완성하기
⓭ 오이물김치 담을 그릇을 선택하여 보기 좋게 담는다.

학습평가

학습내용	평가항목	성취수준		
		상	중	하
김치 재료 준비하기	김치에 사용하는 재료를 필요량에 맞게 계량할 수 있다.			
	김치의 종류에 맞추어 도구와 재료를 준비할 수 있다.			
	재료에 따라 요구되는 전처리를 수행할 수 있다.			
	배추나 무 등의 김치 재료를 적정한 시간과 염도에 맞춰 절일 수 있다.			
김치 양념 배합하기	김치 종류에 따른 양념 재료를 비율대로 혼합, 조절할 수 있다.			
	김치 종류, 저장기간에 따라 양념의 비율을 조절할 수 있다.			
	양념을 용도에 맞게 활용할 수 있다.			
김치 담그기	김치의 특성에 맞도록 주재료에 부재료와 양념의 비율을 조절하여 소를 넣거나 버무릴 수 있다.			
	김치의 종류에 따라 국물의 양을 조절할 수 있다.			
	온도와 시간을 조절하여 숙성하여 보관할 수 있다.			
김치 담아 완성하기	김치의 종류에 따라 다양한 그릇을 선택할 수 있다.			
	적정한 온도를 유지하도록 담을 수 있다.			
	김치의 종류에 따라 조화롭게 담아낼 수 있다.			

학습자 완성품 사진

일일 개인위생 점검표(입실준비)

점검일 :   년   월   일   이름:

점검 항목	착용 및 실시 여부	점검결과		
		양호	보통	미흡
조리모				
두발의 형태에 따른 손질(머리망 등)				
조리복 상의				
조리복 바지				
앞치마				
스카프				
안전화				
손톱의 길이 및 매니큐어 여부				
반지, 시계, 팔찌 등				
짙은 화장				
향수				
손 씻기				
상처유무 및 적절한 조치				
흰색 행주 지참				
사이드 타월				
개인용 조리도구				

일일 위생 점검표(퇴실준비)

점검일 :   년   월   일   이름

점검 항목	실시 여부	점검결과		
		양호	보통	미흡
그릇, 기물 세척 및 정리정돈				
기계, 도구, 장비 세척 및 정리정돈				
작업대 청소 및 물기 제거				
가스레인지 또는 인덕션 청소				
양념통 정리				
남은 재료 정리정돈				
음식 쓰레기 처리				
개수대 청소				
수도 주변 및 세제 관리				
바닥 청소				
청소도구 정리정돈				
전기 및 Gas 체크				

깻잎김치

재료

- 깻잎 200g
- 무 100g
- 실파 50g
- 미나리 50g
- 밤 3개
- 마늘 45g
- 생강 5g
- 소금 1큰술
- 물 1컵

소금물

- 굵은소금 1/4컵
- 물 3컵

양념

- 굵은 고춧가루 1/2컵
- 까나리액젓 4큰술
- 설탕 1/2큰술
- 소금 1/2작은술

재료 확인하기
❶ 재료의 품질 확인하기

재료 계량하기
❷ 배합표에 따라 재료를 정확하게 계량한다.

도구 준비하기
❸ 작업대, 계량저울, 계량스푼, 계량컵, 조리용 칼, 도마, 채반, 앞치마, 장갑(위생장갑, 면장갑, 고무장갑), 절이는 용기, 위생모자, 위생행주, 분리수거용 봉투 등을 준비한다.

재료 전처리하기
❹ 깻잎은 깨끗이 씻는다.
❺ 무는 씻어서 4cm로 채 썬다.
❻ 미나리, 실파는 씻어 다듬어 3cm 길이로 썬다.
❼ 밤, 마늘, 생강은 곱게 채 썬다.

재료 절이기
❽ 깻잎을 소금물에 담가 떠오르지 않게 무거운 것으로 눌러 20분 정도 절인다.
❾ 절인 깻잎은 냉수에 헹구어 물기를 빼 놓는다.

김치 양념배합
❿ 멸치액젓에 고춧가루를 불렸다가 채 썬 무, 밤, 마늘, 생강, 미나리, 실파를 넣고 설탕과 소금으로 간을 맞춰 무채 양념을 만든다.

김치 담그기
⓫ 깻잎을 2장씩 겹쳐 펼치고 양념 얹기를 반복한다.
⓬ 항아리에 차곡차곡 담아 돌로 눌러 놓고 뚜껑을 덮어 보관한다.

담아 완성하기
⓭ 깻잎김치 담을 그릇을 선택하여 보기 좋게 담는다.

학습내용	평가항목	성취수준		
		상	중	하
김치 재료 준비하기	김치에 사용하는 재료를 필요량에 맞게 계량할 수 있다.			
	김치의 종류에 맞추어 도구와 재료를 준비할 수 있다.			
	재료에 따라 요구되는 전처리를 수행할 수 있다.			
	배추나 무 등의 김치 재료를 적정한 시간과 염도에 맞춰 절일 수 있다.			
김치 양념 배합하기	김치 종류에 따른 양념 재료를 비율대로 혼합, 조절할 수 있다.			
	김치 종류, 저장기간에 따라 양념의 비율을 조절할 수 있다.			
	양념을 용도에 맞게 활용할 수 있다.			
김치 담그기	김치의 특성에 맞도록 주재료에 부재료와 양념의 비율을 조절하여 소를 넣거나 버무릴 수 있다.			
	김치의 종류에 따라 국물의 양을 조절할 수 있다.			
	온도와 시간을 조절하여 숙성하여 보관할 수 있다.			
김치 담아 완성하기	김치의 종류에 따라 다양한 그릇을 선택할 수 있다.			
	적정한 온도를 유지하도록 담을 수 있다.			
	김치의 종류에 따라 조화롭게 담아낼 수 있다.			

학습자 완성품 사진

일일 개인위생 점검표(입실준비)

점검일 :   년   월   일   이름:

점검 항목	착용 및 실시 여부	점검결과		
		양호	보통	미흡
조리모				
두발의 형태에 따른 손질(머리망 등)				
조리복 상의				
조리복 바지				
앞치마				
스카프				
안전화				
손톱의 길이 및 매니큐어 여부				
반지, 시계, 팔찌 등				
짙은 화장				
향수				
손 씻기				
상처유무 및 적절한 조치				
흰색 행주 지참				
사이드 타월				
개인용 조리도구				

일일 위생 점검표(퇴실준비)

점검일 :   년   월   일   이름

점검 항목	실시 여부	점검결과		
		양호	보통	미흡
그릇, 기물 세척 및 정리정돈				
기계, 도구, 장비 세척 및 정리정돈				
작업대 청소 및 물기 제거				
가스레인지 또는 인덕션 청소				
양념통 정리				
남은 재료 정리정돈				
음식 쓰레기 처리				
개수대 청소				
수도 주변 및 세제 관리				
바닥 청소				
청소도구 정리정돈				
전기 및 Gas 체크				

토마토김치

재료
- 토마토(中) 10개
- 양파 50g
- 무 300g
- 미나리 100g
- 실파 50g
- 물 4큰술

양념
- 굵은 고춧가루 5큰술
- 까나리액젓 3큰술
- 마늘 20g
- 소금 1큰술
- 설탕 1작은술

소금물
- 굵은소금 3큰술
- 물 1컵

재료 확인하기
❶ 재료의 품질 확인하기

재료 계량하기
❷ 배합표에 따라 재료를 정확하게 계량한다.

도구 준비하기
❸ 작업대, 계량저울, 계량스푼, 계량컵, 조리용 칼, 도마, 채반, 앞치마, 장갑(위생장갑, 면장갑, 고무장갑), 절이는 용기, 위생모자, 위생행주, 분리수거용 봉투 등을 준비한다.

재료 전처리하기
❹ 토마토는 깨끗이 씻어 꼭지를 도려내고 밑면 1cm 정도가 붙어 있도록 남겨 십자로 칼집을 낸다.
❺ 무는 3cm로 채 썬다.
❻ 미나리, 실파, 양파는 씻어 다듬어 3cm 길이로 썬다.
❼ 마늘은 다진다.

재료 절이기
❽ 손질한 토마토는 소금물에 간이 배도록 절인다.

김치 양념배합
❾ 무채에 고춧가루로 색을 들인 다음 나머지 재료를 섞어 양념소를 만든다.

김치 담그기
❿ 토마토 칼집 사이에 소를 넣는다. 양념소 그릇을 물 1컵으로 헹구어 용기에 붓는다.
⓫ 항아리에 차곡차곡 담아 하루 정도 숙성시킨다.

담아 완성하기
⓬ 토마토김치 담을 그릇을 선택하여 보기 좋게 담는다.

학습평가

학습내용	평가항목	성취수준		
		상	중	하
김치 재료 준비하기	김치에 사용하는 재료를 필요량에 맞게 계량할 수 있다.			
	김치의 종류에 맞추어 도구와 재료를 준비할 수 있다.			
	재료에 따라 요구되는 전처리를 수행할 수 있다.			
	배추나 무 등의 김치 재료를 적정한 시간과 염도에 맞춰 절일 수 있다.			
김치 양념 배합하기	김치 종류에 따른 양념 재료를 비율대로 혼합, 조절할 수 있다.			
	김치 종류, 저장기간에 따라 양념의 비율을 조절할 수 있다.			
	양념을 용도에 맞게 활용할 수 있다.			
김치 담그기	김치의 특성에 맞도록 주재료에 부재료와 양념의 비율을 조절하여 소를 넣거나 버무릴 수 있다.			
	김치의 종류에 따라 국물의 양을 조절할 수 있다.			
	온도와 시간을 조절하여 숙성하여 보관할 수 있다.			
김치 담아 완성하기	김치의 종류에 따라 다양한 그릇을 선택할 수 있다.			
	적정한 온도를 유지하도록 담을 수 있다.			
	김치의 종류에 따라 조화롭게 담아낼 수 있다.			

학습자 완성품 사진

일일 개인위생 점검표(입실준비)

점검일 : 년   월   일   이름:

점검 항목	착용 및 실시 여부	점검결과		
		양호	보통	미흡
조리모				
두발의 형태에 따른 손질(머리망 등)				
조리복 상의				
조리복 바지				
앞치마				
스카프				
안전화				
손톱의 길이 및 매니큐어 여부				
반지, 시계, 팔찌 등				
짙은 화장				
향수				
손 씻기				
상처유무 및 적절한 조치				
흰색 행주 지참				
사이드 타월				
개인용 조리도구				

일일 위생 점검표(퇴실준비)

점검일 : 년   월   일   이름

점검 항목	실시 여부	점검결과		
		양호	보통	미흡
그릇, 기물 세척 및 정리정돈				
기계, 도구, 장비 세척 및 정리정돈				
작업대 청소 및 물기 제거				
가스레인지 또는 인덕션 청소				
양념통 정리				
남은 재료 정리정돈				
음식 쓰레기 처리				
개수대 청소				
수도 주변 및 세제 관리				
바닥 청소				
청소도구 정리정돈				
전기 및 Gas 체크				

양파김치

재료
- 양파(中) 7개(1kg)
- 쪽파 50g
- 무 50g
- 배 50g
- 물 1/2컵
- 소금 1/2작은술

소금물
- 굵은소금 ½컵
- 물 5컵

육수
- 다시마 1장
- 물 1/2컵

양념
- 굵은 고춧가루 4큰술
- 멸치액젓 1/4컵
- 다진 마늘 2작은술
- 다진 생강 1/2작은술

재료 확인하기
❶ 재료의 품질 확인하기

재료 계량하기
❷ 배합표에 따라 재료를 정확하게 계량한다.

도구 준비하기
❸ 작업대, 계량저울, 계량스푼, 계량컵, 조리용 칼, 도마, 채반, 앞치마, 장갑(위생장갑, 면장갑, 고무장갑), 절이는 용기, 위생모자, 위생행주, 분리수거용 봉투 등을 준비한다.

재료 전처리하기
❹ 양파는 껍질을 까서 깨끗이 씻어 밑면 1cm 정도가 붙어 있도록 남기고 십자로 칼집을 낸다.
❺ 쪽파는 다듬어 3cm 길이로 썬다.
❻ 무, 배는 씻어 껍질을 벗기고 3cm로 길이로 채 썬다.
❼ 물에 다시마를 담근다.

재료 절이기
❽ 소금물에 양파를 40분 정도 절인 뒤 건져서 물기를 뺀다.

김치 양념배합
❾ 믹싱볼에 쪽파, 무, 배, 육수, 김치 양념을 넣어 골고루 버무린다.

김치 담그기
❿ 양파 사이에 버무린 양념을 채워 넣는다. 양념을 넣으면서 양파 표면에도 양념을 고루 묻힌다. 항아리에 차곡차곡 담고 남은 양념에 물과 소금을 넣고 고루 섞어 양파김치 위에 붓고, 뚜껑을 덮는다. 실온에서 하루 정도 숙성시킨 다음 냉장 보관한다.

담아 완성하기
⓫ 양파김치 담을 그릇을 선택하고, 칼집 사이를 잘라 보기 좋게 담는다.

학습내용	평가항목	성취수준		
		상	중	하
김치 재료 준비하기	김치에 사용하는 재료를 필요량에 맞게 계량할 수 있다.			
	김치의 종류에 맞추어 도구와 재료를 준비할 수 있다.			
	재료에 따라 요구되는 전처리를 수행할 수 있다.			
	배추나 무 등의 김치 재료를 적정한 시간과 염도에 맞춰 절일 수 있다.			
김치 양념 배합하기	김치 종류에 따른 양념 재료를 비율대로 혼합, 조절할 수 있다.			
	김치 종류, 저장기간에 따라 양념의 비율을 조절할 수 있다.			
	양념을 용도에 맞게 활용할 수 있다.			
김치 담그기	김치의 특성에 맞도록 주재료에 부재료와 양념의 비율을 조절하여 소를 넣거나 버무릴 수 있다.			
	김치의 종류에 따라 국물의 양을 조절할 수 있다.			
	온도와 시간을 조절하여 숙성하여 보관할 수 있다.			
김치 담아 완성하기	김치의 종류에 따라 다양한 그릇을 선택할 수 있다.			
	적정한 온도를 유지하도록 담을 수 있다.			
	김치의 종류에 따라 조화롭게 담아낼 수 있다.			

학습자 완성품 사진

일일 개인위생 점검표(입실준비)

점검일 : 년 월 일   이름:

점검 항목	착용 및 실시 여부	점검결과		
		양호	보통	미흡
조리모				
두발의 형태에 따른 손질(머리망 등)				
조리복 상의				
조리복 바지				
앞치마				
스카프				
안전화				
손톱의 길이 및 매니큐어 여부				
반지, 시계, 팔찌 등				
짙은 화장				
향수				
손 씻기				
상처유무 및 적절한 조치				
흰색 행주 지참				
사이드 타월				
개인용 조리도구				

일일 위생 점검표(퇴실준비)

점검일 : 년 월 일   이름

점검 항목	실시 여부	점검결과		
		양호	보통	미흡
그릇, 기물 세척 및 정리정돈				
기계, 도구, 장비 세척 및 정리정돈				
작업대 청소 및 물기 제거				
가스레인지 또는 인덕션 청소				
양념통 정리				
남은 재료 정리정돈				
음식 쓰레기 처리				
개수대 청소				
수도 주변 및 세제 관리				
바닥 청소				
청소도구 정리정돈				
전기 및 Gas 체크				

배추겉절이

재료

- 배추 1kg
- 붉은 고추 4개
- 쪽파 100g
- 참기름 2큰술

양념

- 굵은 고춧가루 1/3컵
- 새우젓 2큰술
- 까나리액젓 1큰술
- 마늘 10g
- 생강 5g
- 설탕 1/2큰술
- 통깨 2큰술
- 소금 1/3작은술

소금물

- 굵은소금 1/2컵
- 물 10컵

재료 확인하기
❶ 재료의 품질 확인하기

재료 계량하기
❷ 배합표에 따라 재료를 정확하게 계량한다.

도구 준비하기
❸ 작업대, 계량저울, 계량스푼, 계량컵, 조리용 칼, 도마, 채반, 앞치마, 장갑(위생장갑, 면장갑, 고무장갑), 절이는 용기, 위생모자, 위생행주, 분리수거용 봉투 등을 준비한다.

재료 전처리하기
❹ 배추는 뿌리 밑동을 잘라 배추잎을 하나하나 떼어낸다.
❺ 붉은 고추는 반으로 잘라 씨를 제거하고 3cm 길이로 채 썬다.
❻ 쪽파는 다듬어서 3cm 길이로 썬다.
❼ 마늘, 생강은 다진다.

재료 절이기
❽ 배추는 소금물에 절인 뒤 가볍게 씻어 건져 물기를 뺀 다음 먹기 좋은 크기로 찢어 놓는다.

김치 양념배합
❾ 양념 재료를 모두 섞고 쪽파, 붉은 고추를 섞는다.

김치 담그기
❿ 절인 배추에 김치 양념을 넣어 버무리고 참기름을 마지막으로 넣어 버무린다.
　＊ 계절에 따라 생굴을 넣을 수도 있는데 이때 생굴은 마지막에 넣어 버무린다.

담아 완성하기
⓫ 배추겉절이 담을 그릇을 선택하여 보기 좋게 담는다.

학습내용	평가항목	성취수준		
		상	중	하
김치 재료 준비하기	김치에 사용하는 재료를 필요량에 맞게 계량할 수 있다.			
	김치의 종류에 맞추어 도구와 재료를 준비할 수 있다.			
	재료에 따라 요구되는 전처리를 수행할 수 있다.			
	배추나 무 등의 김치 재료를 적정한 시간과 염도에 맞춰 절일 수 있다.			
김치 양념 배합하기	김치 종류에 따른 양념 재료를 비율대로 혼합, 조절할 수 있다.			
	김치 종류, 저장기간에 따라 양념의 비율을 조절할 수 있다.			
	양념을 용도에 맞게 활용할 수 있다.			
김치 담그기	김치의 특성에 맞도록 주재료에 부재료와 양념의 비율을 조절하여 소를 넣거나 버무릴 수 있다.			
	김치의 종류에 따라 국물의 양을 조절할 수 있다.			
	온도와 시간을 조절하여 숙성하여 보관할 수 있다.			
김치 담아 완성하기	김치의 종류에 따라 다양한 그릇을 선택할 수 있다.			
	적정한 온도를 유지하도록 담을 수 있다.			
	김치의 종류에 따라 조화롭게 담아낼 수 있다.			

학습자 완성품 사진

일일 개인위생 점검표(입실준비)

점검일 :　년　월　일　　　이름:

점검 항목	착용 및 실시 여부	점검결과		
		양호	보통	미흡
조리모				
두발의 형태에 따른 손질(머리망 등)				
조리복 상의				
조리복 바지				
앞치마				
스카프				
안전화				
손톱의 길이 및 매니큐어 여부				
반지, 시계, 팔찌 등				
짙은 화장				
향수				
손 씻기				
상처유무 및 적절한 조치				
흰색 행주 지참				
사이드 타월				
개인용 조리도구				

일일 위생 점검표(퇴실준비)

점검일 :　년　월　일　　　이름

점검 항목	실시 여부	점검결과		
		양호	보통	미흡
그릇, 기물 세척 및 정리정돈				
기계, 도구, 장비 세척 및 정리정돈				
작업대 청소 및 물기 제거				
가스레인지 또는 인덕션 청소				
양념통 정리				
남은 재료 정리정돈				
음식 쓰레기 처리				
개수대 청소				
수도 주변 및 세제 관리				
바닥 청소				
청소도구 정리정돈				
전기 및 Gas 체크				

상추겉절이

재료

- 상추 100g

양념

- 굵은 고춧가루 1큰술
- 국간장 2작은술
- 멸치액젓 2작은술
- 대파 1큰술
- 마늘 1/2큰술
- 설탕 2작은술
- 통깨 1작은술
- 참기름 1작은술

재료 확인하기
❶ 재료의 품질 확인하기

재료 계량하기
❷ 배합표에 따라 재료를 정확하게 계량한다.

도구 준비하기
❸ 작업대, 계량저울, 계량스푼, 계량컵, 조리용 칼, 도마, 채반, 앞치마, 장갑(위생장갑, 면장갑, 고무장갑), 절이는 용기, 위생모자, 위생행주, 분리수거용 봉투 등을 준비한다.

재료 전처리하기
❹ 상추는 깨끗이 씻어 먹기 좋은 크기로 뜯는다.
❺ 대파, 마늘은 다진다.

김치 양념배합
❻ 양념 재료를 모두 섞는다.

김치 담그기
❼ 상추에 양념을 넣고 살살 버무려 보관 용기에 담는다.

담아 완성하기
❽ 상추겉절이 담을 그릇을 선택하여 보기 좋게 담는다.

학습평가

학습내용	평가항목	성취수준 상	중	하
김치 재료 준비하기	김치에 사용하는 재료를 필요량에 맞게 계량할 수 있다.			
	김치의 종류에 맞추어 도구와 재료를 준비할 수 있다.			
	재료에 따라 요구되는 전처리를 수행할 수 있다.			
	배추나 무 등의 김치 재료를 적정한 시간과 염도에 맞춰 절일 수 있다.			
김치 양념 배합하기	김치 종류에 따른 양념 재료를 비율대로 혼합, 조절할 수 있다.			
	김치 종류, 저장기간에 따라 양념의 비율을 조절할 수 있다.			
	양념을 용도에 맞게 활용할 수 있다.			
김치 담그기	김치의 특성에 맞도록 주재료에 부재료와 양념의 비율을 조절하여 소를 넣거나 버무릴 수 있다.			
	김치의 종류에 따라 국물의 양을 조절할 수 있다.			
	온도와 시간을 조절하여 숙성하여 보관할 수 있다.			
김치 담아 완성하기	김치의 종류에 따라 다양한 그릇을 선택할 수 있다.			
	적정한 온도를 유지하도록 담을 수 있다.			
	김치의 종류에 따라 조화롭게 담아낼 수 있다.			

학습자 완성품 사진

일일 개인위생 점검표(입실준비)

점검일 :   년   월   일   이름:

점검 항목	착용 및 실시 여부	점검결과		
		양호	보통	미흡
조리모				
두발의 형태에 따른 손질(머리망 등)				
조리복 상의				
조리복 바지				
앞치마				
스카프				
안전화				
손톱의 길이 및 매니큐어 여부				
반지, 시계, 팔찌 등				
짙은 화장				
향수				
손 씻기				
상처유무 및 적절한 조치				
흰색 행주 지참				
사이드 타월				
개인용 조리도구				

일일 위생 점검표(퇴실준비)

점검일 :   년   월   일   이름

점검 항목	실시 여부	점검결과		
		양호	보통	미흡
그릇, 기물 세척 및 정리정돈				
기계, 도구, 장비 세척 및 정리정돈				
작업대 청소 및 물기 제거				
가스레인지 또는 인덕션 청소				
양념통 정리				
남은 재료 정리정돈				
음식 쓰레기 처리				
개수대 청소				
수도 주변 및 세제 관리				
바닥 청소				
청소도구 정리정돈				
전기 및 Gas 체크				

갓김치

재료
- 붉은 갓 1.2kg
- 쪽파 100g
- 무 30g
- 배 1/2개
- 당근 50g
- 밤 2개
- 실고추 약간

양념
- 굵은 고춧가루 1컵
- 멸치액젓 1컵
- 새우젓 3큰술
- 마늘 140g
- 생강 75g
- 참깨 25g
- 소금 20g

소금물
- 굵은소금 1/2컵
- 물 2컵

찹쌀풀
- 찹쌀가루 1큰술
- 물 1/2컵

재료 확인하기
❶ 재료의 품질 확인하기

재료 계량하기
❷ 배합표에 따라 재료를 정확하게 계량한다.

도구 준비하기
❸ 작업대, 계량저울, 계량스푼, 계량컵, 조리용 칼, 도마, 채반, 앞치마, 장갑(위생장갑, 면장갑, 고무장갑), 절이는 용기, 위생모자, 위생행주, 분리수거용 봉투 등을 준비한다.

재료 전처리하기
❹ 갓은 줄기가 연하고 붉은 빛이 도는 것으로 골라 다듬어 깨끗이 씻는다.
❺ 쪽파는 다듬어 씻는다.
❻ 마늘, 생강은 다진다.
❼ 무, 배는 껍질을 벗기고 강판에 간다.
❽ 당근은 껍질을 벗기고 5cm 길이로 채 썬다.
❾ 밤은 껍질을 벗기고 편으로 썬다.
❿ 실고추는 3cm 길이로 자른다.

재료 절이기
⓫ 갓, 쪽파는 소금물에 절였다가 물기를 뺀다.

김치 양념배합
⓬ 멸치액젓, 새우젓에 고춧가루를 불리고 마늘, 생강, 통깨를 넣고 마지막에 소금으로 간을 맞춘다.

김치 담그기
⓭ 양념에 갓, 쪽파, 무, 배, 당근, 밤을 넣고 살살 버무린다. 갓과 쪽파를 4~5가닥씩 모아 잡아 반으로 똬리를 지어 항아리에 차곡차곡 담고 우거지를 위에 덮는다. 실온에서 하루 정도 숙성시킨 다음 냉장 보관한다.

담아 완성하기
⓮ 갓김치 담을 그릇을 선택하여 보기 좋게 담는다.

학습내용	평가항목	성취수준		
		상	중	하
김치 재료 준비하기	김치에 사용하는 재료를 필요량에 맞게 계량할 수 있다.			
	김치의 종류에 맞추어 도구와 재료를 준비할 수 있다.			
	재료에 따라 요구되는 전처리를 수행할 수 있다.			
	배추나 무 등의 김치 재료를 적정한 시간과 염도에 맞춰 절일 수 있다.			
김치 양념 배합하기	김치 종류에 따른 양념 재료를 비율대로 혼합, 조절할 수 있다.			
	김치 종류, 저장기간에 따라 양념의 비율을 조절할 수 있다.			
	양념을 용도에 맞게 활용할 수 있다.			
김치 담그기	김치의 특성에 맞도록 주재료에 부재료와 양념의 비율을 조절하여 소를 넣거나 버무릴 수 있다.			
	김치의 종류에 따라 국물의 양을 조절할 수 있다.			
	온도와 시간을 조절하여 숙성하여 보관할 수 있다.			
김치 담아 완성하기	김치의 종류에 따라 다양한 그릇을 선택할 수 있다.			
	적정한 온도를 유지하도록 담을 수 있다.			
	김치의 종류에 따라 조화롭게 담아낼 수 있다.			

학습자 완성품 사진

일일 개인위생 점검표(입실준비)

점검일 :　년　월　일　　　이름:

점검 항목	착용 및 실시 여부	점검결과		
		양호	보통	미흡
조리모				
두발의 형태에 따른 손질(머리망 등)				
조리복 상의				
조리복 바지				
앞치마				
스카프				
안전화				
손톱의 길이 및 매니큐어 여부				
반지, 시계, 팔찌 등				
짙은 화장				
향수				
손 씻기				
상처유무 및 적절한 조치				
흰색 행주 지참				
사이드 타월				
개인용 조리도구				

일일 위생 점검표(퇴실준비)

점검일 :　년　월　일　　　이름

점검 항목	실시 여부	점검결과		
		양호	보통	미흡
그릇, 기물 세척 및 정리정돈				
기계, 도구, 장비 세척 및 정리정돈				
작업대 청소 및 물기 제거				
가스레인지 또는 인덕션 청소				
양념통 정리				
남은 재료 정리정돈				
음식 쓰레기 처리				
개수대 청소				
수도 주변 및 세제 관리				
바닥 청소				
청소도구 정리정돈				
전기 및 Gas 체크				

섞박지

재료

- 무 500g
- 배추 300g
- 쪽파 100g
- 미나리 50g

찹쌀풀
- 물 2/3컵
- 찹쌀가루 5큰술

양념
- 양파 50g
- 배 50g
- 굵은 고춧가루 60g
- 새우젓 3큰술
- 마늘 20g
- 생강 10g
- 설탕 2작은술

소금물
- 굵은소금 2/3컵
- 물 5컵

재료 확인하기
❶ 재료의 품질 확인하기

재료 계량하기
❷ 배합표에 따라 재료를 정확하게 계량한다.

도구 준비하기
❸ 작업대, 계량저울, 계량스푼, 계량컵, 조리용 칼, 도마, 채반, 앞치마, 장갑(위생장갑, 면장갑, 고무장갑), 절이는 용기, 위생모자, 위생행주, 분리수거용 봉투 등을 준비한다.

재료 전처리하기
❹ 무는 1cm×4cm×5cm 크기로 썬다.
❺ 배추는 4cm×5cm 크기로 썬다.
❻ 쪽파, 미나리는 다듬어 씻어 2cm 길이로 썬다.
❼ 양파, 배는 강판에 곱게 간다.
❽ 마늘, 생강은 다진다.
❾ 찹쌀가루를 물에 풀어 약한 불에 끓여 찹쌀풀을 쑤어 식힌다.

재료 절이기
❿ 무, 배추는 소금물에 절인다.

김치 양념배합
⓫ 간 양파, 배에 고춧가루를 불린 후 나머지 양념을 넣어 섞는다.

김치 담그기
⓬ 절인 무, 배추는 물에 헹구어 물기를 제거하고 양념에 버무린 후 쪽파, 미나리를 넣고 버무린다. 항아리에 꼭꼭 눌러 담는다. 실온에서 하루 정도 숙성시킨 다음 냉장 보관한다.

담아 완성하기
⓭ 섞박지 담을 그릇을 선택하여 보기 좋게 담는다.

학습평가

학습내용	평가항목	성취수준		
		상	중	하
김치 재료 준비하기	김치에 사용하는 재료를 필요량에 맞게 계량할 수 있다.			
	김치의 종류에 맞추어 도구와 재료를 준비할 수 있다.			
	재료에 따라 요구되는 전처리를 수행할 수 있다.			
	배추나 무 등의 김치 재료를 적정한 시간과 염도에 맞춰 절일 수 있다.			
김치 양념 배합하기	김치 종류에 따른 양념 재료를 비율대로 혼합, 조절할 수 있다.			
	김치 종류, 저장기간에 따라 양념의 비율을 조절할 수 있다.			
	양념을 용도에 맞게 활용할 수 있다.			
김치 담그기	김치의 특성에 맞도록 주재료에 부재료와 양념의 비율을 조절하여 소를 넣거나 버무릴 수 있다.			
	김치의 종류에 따라 국물의 양을 조절할 수 있다.			
	온도와 시간을 조절하여 숙성하여 보관할 수 있다.			
김치 담아 완성하기	김치의 종류에 따라 다양한 그릇을 선택할 수 있다.			
	적정한 온도를 유지하도록 담을 수 있다.			
	김치의 종류에 따라 조화롭게 담아낼 수 있다.			

학습자 완성품 사진

일일 개인위생 점검표(입실준비)

점검일 :　　년　　월　　일　　　　이름:

점검 항목	착용 및 실시 여부	점검결과		
		양호	보통	미흡
조리모				
두발의 형태에 따른 손질(머리망 등)				
조리복 상의				
조리복 바지				
앞치마				
스카프				
안전화				
손톱의 길이 및 매니큐어 여부				
반지, 시계, 팔찌 등				
짙은 화장				
향수				
손 씻기				
상처유무 및 적절한 조치				
흰색 행주 지참				
사이드 타월				
개인용 조리도구				

일일 위생 점검표(퇴실준비)

점검일 :　　년　　월　　일　　　　이름

점검 항목	실시 여부	점검결과		
		양호	보통	미흡
그릇, 기물 세척 및 정리정돈				
기계, 도구, 장비 세척 및 정리정돈				
작업대 청소 및 물기 제거				
가스레인지 또는 인덕션 청소				
양념통 정리				
남은 재료 정리정돈				
음식 쓰레기 처리				
개수대 청소				
수도 주변 및 세제 관리				
바닥 청소				
청소도구 정리정돈				
전기 및 Gas 체크				

양배추김치

재료

- 양배추 1kg
- 양파 100g
- 쪽파 100g
- 부추 50g
- 풋고추 2개
- 붉은 고추 1개

소금물
- 물 5컵
- 굵은소금 100g

양념
- 붉은 고추 5개
- 굵은 고춧가루 3큰술
- 물 1/2컵
- 액젓 5큰술
- 마늘 20g
- 생강 10g
- 매실청 2큰술

재료 확인하기
❶ 재료의 품질 확인하기

재료 계량하기
❷ 배합표에 따라 재료를 정확하게 계량한다.

도구 준비하기
❸ 작업대, 계량저울, 계량스푼, 계량컵, 조리용 칼, 도마, 채반, 앞치마, 장갑(위생장갑, 면장갑, 고무장갑), 절이는 용기, 위생모자, 위생행주, 분리수거용 봉투 등을 준비한다.

재료 전처리하기
❹ 양배추는 가운데 심을 도려내고 적당한 크기로 자른다.
❺ 양파는 가늘게 채 썬다.
❻ 쪽파, 부추는 다듬어 씻어 3cm 길이로 썬다.
❼ 풋고추, 붉은 고추는 반으로 갈라 씨를 털어낸 후 3cm 길이로 채 썬다.
❽ 양념용 붉은 고추는 물 ½컵에 간다.
❾ 마늘, 생강은 다진다.

재료 절이기
❿ 소금물에 양배추를 넣고 위아래로 뒤집으며 1시간 정도 절인다.

김치 양념배합
⓫ 곱게 간 붉은 고추에 나머지 양념을 섞는다.

김치 담그기
⓬ 절인 양배추, 양파, 쪽파, 부추, 고추를 김치 양념에 버무려 용기에 꼭꼭 눌러 담는다. 실온에서 하루 정도 숙성시킨 다음 냉장 보관한다.

담아 완성하기
⓭ 양배추김치 담을 그릇을 선택하여 보기 좋게 담는다.

학습내용	평가항목	성취수준		
		상	중	하
김치 재료 준비하기	김치에 사용하는 재료를 필요량에 맞게 계량할 수 있다.			
	김치의 종류에 맞추어 도구와 재료를 준비할 수 있다.			
	재료에 따라 요구되는 전처리를 수행할 수 있다.			
	배추나 무 등의 김치 재료를 적정한 시간과 염도에 맞춰 절일 수 있다.			
김치 양념 배합하기	김치 종류에 따른 양념 재료를 비율대로 혼합, 조절할 수 있다.			
	김치 종류, 저장기간에 따라 양념의 비율을 조절할 수 있다.			
	양념을 용도에 맞게 활용할 수 있다.			
김치 담그기	김치의 특성에 맞도록 주재료에 부재료와 양념의 비율을 조절하여 소를 넣거나 버무릴 수 있다.			
	김치의 종류에 따라 국물의 양을 조절할 수 있다.			
	온도와 시간을 조절하여 숙성하여 보관할 수 있다.			
김치 담아 완성하기	김치의 종류에 따라 다양한 그릇을 선택할 수 있다.			
	적정한 온도를 유지하도록 담을 수 있다.			
	김치의 종류에 따라 조화롭게 담아낼 수 있다.			

학습자 완성품 사진

일일 개인위생 점검표(입실준비)

점검일 :　 년　 월　 일　　　　이름:

점검 항목	착용 및 실시 여부	점검결과		
		양호	보통	미흡
조리모				
두발의 형태에 따른 손질(머리망 등)				
조리복 상의				
조리복 바지				
앞치마				
스카프				
안전화				
손톱의 길이 및 매니큐어 여부				
반지, 시계, 팔찌 등				
짙은 화장				
향수				
손 씻기				
상처유무 및 적절한 조치				
흰색 행주 지참				
사이드 타월				
개인용 조리도구				

일일 위생 점검표(퇴실준비)

점검일 :　 년　 월　 일　　　　이름

점검 항목	실시 여부	점검결과		
		양호	보통	미흡
그릇, 기물 세척 및 정리정돈				
기계, 도구, 장비 세척 및 정리정돈				
작업대 청소 및 물기 제거				
가스레인지 또는 인덕션 청소				
양념통 정리				
남은 재료 정리정돈				
음식 쓰레기 처리				
개수대 청소				
수도 주변 및 세제 관리				
바닥 청소				
청소도구 정리정돈				
전기 및 Gas 체크				

양배추깻잎김치

재료

- 양배추 500g
- 깻잎 40장

김칫국

- 물 3컵
- 설탕 1컵
- 식초 1컵
- 소금 3큰술

재료 확인하기
❶ 재료의 품질 확인하기

재료 계량하기
❷ 배합표에 따라 재료를 정확하게 계량한다.

도구 준비하기
❸ 작업대, 계량저울, 계량스푼, 계량컵, 조리용 칼, 도마, 채반, 앞치마, 장갑(위생장갑, 면장갑, 고무장갑), 절이는 용기, 위생모자, 위생행주, 분리수거용 봉투 등을 준비한다.

재료 전처리하기
❹ 양배추는 가운데 심을 도려내고 한 잎씩 떼어 깨끗이 씻는다.
❺ 깻잎은 깨끗이 씻어 물기를 제거한다.

김치 양념배합
❻ 물에 소금, 설탕을 녹이고 식초를 넣어 새콤달콤한 김칫국을 만든다.

김치 담그기
❼ 뚜껑 있는 그릇에 양배추를 한 켜 깔고 깻잎을 한 켜 얹는 식으로 되풀이하여 켜켜이 차곡차곡 담아 김칫국을 붓는다. 실온에서 하루정도 숙성시킨 다음 냉장 보관한다.

담아 완성하기
❽ 양배추깻잎김치 담을 그릇을 선택하여 보기 좋게 담는다.

학습평가

학습내용	평가항목	성취수준		
		상	중	하
김치 재료 준비하기	김치에 사용하는 재료를 필요량에 맞게 계량할 수 있다.			
	김치의 종류에 맞추어 도구와 재료를 준비할 수 있다.			
	재료에 따라 요구되는 전처리를 수행할 수 있다.			
	배추나 무 등의 김치 재료를 적정한 시간과 염도에 맞춰 절일 수 있다.			
김치 양념 배합하기	김치 종류에 따른 양념 재료를 비율대로 혼합, 조절할 수 있다.			
	김치 종류, 저장기간에 따라 양념의 비율을 조절할 수 있다.			
	양념을 용도에 맞게 활용할 수 있다.			
김치 담그기	김치의 특성에 맞도록 주재료에 부재료와 양념의 비율을 조절하여 소를 넣거나 버무릴 수 있다.			
	김치의 종류에 따라 국물의 양을 조절할 수 있다.			
	온도와 시간을 조절하여 숙성하여 보관할 수 있다.			
김치 담아 완성하기	김치의 종류에 따라 다양한 그릇을 선택할 수 있다.			
	적정한 온도를 유지하도록 담을 수 있다.			
	김치의 종류에 따라 조화롭게 담아낼 수 있다.			

학습자 완성품 사진

일일 개인위생 점검표(입실준비)

점검일 : 년 월 일 이름:

점검 항목	착용 및 실시 여부	점검결과		
		양호	보통	미흡
조리모				
두발의 형태에 따른 손질(머리망 등)				
조리복 상의				
조리복 바지				
앞치마				
스카프				
안전화				
손톱의 길이 및 매니큐어 여부				
반지, 시계, 팔찌 등				
짙은 화장				
향수				
손 씻기				
상처유무 및 적절한 조치				
흰색 행주 지참				
사이드 타월				
개인용 조리도구				

일일 위생 점검표(퇴실준비)

점검일 : 년 월 일 이름

점검 항목	실시 여부	점검결과		
		양호	보통	미흡
그릇, 기물 세척 및 정리정돈				
기계, 도구, 장비 세척 및 정리정돈				
작업대 청소 및 물기 제거				
가스레인지 또는 인덕션 청소				
양념통 정리				
남은 재료 정리정돈				
음식 쓰레기 처리				
개수대 청소				
수도 주변 및 세제 관리				
바닥 청소				
청소도구 정리정돈				
전기 및 Gas 체크				

쑥갓김치

재료
- 쑥갓 1kg
- 무 100g
- 쪽파 100g
- 붉은 고추 3개
- 물 1컵

소금물
- 굵은소금 1컵
- 물 5컵

밀가루풀
- 물 1컵
- 밀가루 2큰술

양념
- 굵은 고춧가루 10큰술
- 멸치액젓 8큰술
- 설탕 2작은술
- 마늘 20g
- 생강 10g
- 참깨 2큰술

재료 확인하기
❶ 재료의 품질 확인하기

재료 계량하기
❷ 배합표에 따라 재료를 정확하게 계량한다.

도구 준비하기
❸ 작업대, 계량저울, 계량스푼, 계량컵, 조리용 칼, 도마, 채반, 앞치마, 장갑(위생장갑, 면장갑, 고무장갑), 절이는 용기, 위생모자, 위생행주, 분리수거용 봉투 등을 준비한다.

재료 전처리하기
❹ 쑥갓은 깨끗이 씻는다.
❺ 무는 깨끗이 씻어 굵게 채 썬다.
❻ 쪽파, 마늘, 생강, 붉은 고추는 다듬어 씻어 채 썬다.

재료 절이기
❼ 쑥갓은 소금물에 절였다가 물에 헹구어 물기를 뺀다.

김치 양념배합
❽ 멸치액젓에 고춧가루를 불리고 채 썬 양념 재료를 섞는다.

김치 담그기
❾ 양념에 갓과 무를 같이 넣고 살살 버무린다.
❿ 항아리에 담고, 버무린 그릇에 물을 넣어 양념을 헹궈 붓는다.

담아 완성하기
⓫ 쑥갓김치 담을 그릇을 선택하여 보기 좋게 담는다.

학습평가

학습내용	평가항목	성취수준		
		상	중	하
김치 재료 준비하기	김치에 사용하는 재료를 필요량에 맞게 계량할 수 있다.			
	김치의 종류에 맞추어 도구와 재료를 준비할 수 있다.			
	재료에 따라 요구되는 전처리를 수행할 수 있다.			
	배추나 무 등의 김치 재료를 적정한 시간과 염도에 맞춰 절일 수 있다.			
김치 양념 배합하기	김치 종류에 따른 양념 재료를 비율대로 혼합, 조절할 수 있다.			
	김치 종류, 저장기간에 따라 양념의 비율을 조절할 수 있다.			
	양념을 용도에 맞게 활용할 수 있다.			
김치 담그기	김치의 특성에 맞도록 주재료에 부재료와 양념의 비율을 조절하여 소를 넣거나 버무릴 수 있다.			
	김치의 종류에 따라 국물의 양을 조절할 수 있다.			
	온도와 시간을 조절하여 숙성하여 보관할 수 있다.			
김치 담아 완성하기	김치의 종류에 따라 다양한 그릇을 선택할 수 있다.			
	적정한 온도를 유지하도록 담을 수 있다.			
	김치의 종류에 따라 조화롭게 담아낼 수 있다.			

학습자 완성품 사진

일일 개인위생 점검표(입실준비)

점검일 :　　년　　월　　일　　　　　　이름:

점검 항목	착용 및 실시 여부	점검결과		
		양호	보통	미흡
조리모				
두발의 형태에 따른 손질(머리망 등)				
조리복 상의				
조리복 바지				
앞치마				
스카프				
안전화				
손톱의 길이 및 매니큐어 여부				
반지, 시계, 팔찌 등				
짙은 화장				
향수				
손 씻기				
상처유무 및 적절한 조치				
흰색 행주 지참				
사이드 타월				
개인용 조리도구				

일일 위생 점검표(퇴실준비)

점검일 :　　년　　월　　일　　　　　　이름

점검 항목	실시 여부	점검결과		
		양호	보통	미흡
그릇, 기물 세척 및 정리정돈				
기계, 도구, 장비 세척 및 정리정돈				
작업대 청소 및 물기 제거				
가스레인지 또는 인덕션 청소				
양념통 정리				
남은 재료 정리정돈				
음식 쓰레기 처리				
개수대 청소				
수도 주변 및 세제 관리				
바닥 청소				
청소도구 정리정돈				
전기 및 Gas 체크				

비늘김치

재료

- 동치미무 5개(2.5kg)
- 배추잎 10장
- 무 200g
- 갓 50g
- 쪽파 50g
- 미나리 50g
- 배 50g

소금물

- 굵은소금 1/2컵
- 물 10컵

양념

- 굵은 고춧가루 1/2컵
- 마늘 20g
- 생강 10g
- 새우젓 2큰술
- 설탕 2큰술
- 소금 1큰술
- 양파 100g
- 배 150g
- 물 1컵

재료 확인하기
❶ 재료의 품질 확인하기

재료 계량하기
❷ 배합표에 따라 재료를 정확하게 계량한다.

도구 준비하기
❸ 작업대, 계량저울, 계량스푼, 계량컵, 조리용 칼, 도마, 채반, 앞치마, 장갑(위생장갑, 면장갑, 고무장갑), 절이는 용기, 위생모자, 위생행주, 분리수거용 봉투 등을 준비한다.

재료 전처리하기
❹ 동치미무는 껍질에 티가 있는 부분만 살짝 긁어내는 정도로 손질한 후 길이로 반을 잘라 칼을 눕혀 3cm 간격으로 비스듬히 칼집을 넣는다.
❺ 배추잎은 큰 것으로 골라 씻는다.
❻ 따로 준비한 무, 배는 3cm 길이의 고운 채로 썬다.
❼ 미나리, 갓, 쪽파도 다듬어 씻어 건져 가지런하게 하여 3cm 길이로 썬다.
❽ 새우젓, 양파, 배를 물 1컵을 넣어 블렌더에 곱게 갈아 체에 거른 다음 마늘, 생강, 설탕, 소금을 넣어 김칫국을 만든다.

재료 절이기
❾ 칼집 넣은 무와 배추잎을 소금물에 절인다. 이때 무는 칼집 넣은 부분이 밑으로 가도록 놓아서 절인다.
❿ 무는 칼집 사이가 자연스럽게 벌어질 정도로 절여 한 번만 씻어 건진다.

김치 양념배합
⓫ 무채에 고춧가루를 넣고 비벼서 붉게 만든 후 갓, 쪽파, 미나리를 넣고 버무린다.

김치 담그기
⓬ 양념 무의 칼집 사이에 조금씩 깊이 채워 넣는다. 속을 채운 무를 절인 배추잎으로 하나씩 싸서 항아리에 차곡차곡 담고, 김칫국을 부어 익힌다. 따로 익히기도 하지만 배추김치 사이에 넣어 익히기도 한다. 상에 낼 때는 먹기 쉽게 토막내어 그릇에 가지런히 담는다.

담아 완성하기
⓭ 비늘김치 그릇을 선택하여 보기 좋게 담는다.

학습내용	평가항목	성취수준		
		상	중	하
김치 재료 준비하기	김치에 사용하는 재료를 필요량에 맞게 계량할 수 있다.			
	김치의 종류에 맞추어 도구와 재료를 준비할 수 있다.			
	재료에 따라 요구되는 전처리를 수행할 수 있다.			
	배추나 무 등의 김치 재료를 적정한 시간과 염도에 맞춰 절일 수 있다.			
김치 양념 배합하기	김치 종류에 따른 양념 재료를 비율대로 혼합, 조절할 수 있다.			
	김치 종류, 저장기간에 따라 양념의 비율을 조절할 수 있다.			
	양념을 용도에 맞게 활용할 수 있다.			
김치 담그기	김치의 특성에 맞도록 주재료에 부재료와 양념의 비율을 조절하여 소를 넣거나 버무릴 수 있다.			
	김치의 종류에 따라 국물의 양을 조절할 수 있다.			
	온도와 시간을 조절하여 숙성하여 보관할 수 있다.			
김치 담아 완성하기	김치의 종류에 따라 다양한 그릇을 선택할 수 있다.			
	적정한 온도를 유지하도록 담을 수 있다.			
	김치의 종류에 따라 조화롭게 담아낼 수 있다.			

학습자 완성품 사진

일일 개인위생 점검표(입실준비)

점검일 : 년 월 일   이름:

점검 항목	착용 및 실시 여부	점검결과		
		양호	보통	미흡
조리모				
두발의 형태에 따른 손질(머리망 등)				
조리복 상의				
조리복 바지				
앞치마				
스카프				
안전화				
손톱의 길이 및 매니큐어 여부				
반지, 시계, 팔찌 등				
짙은 화장				
향수				
손 씻기				
상처유무 및 적절한 조치				
흰색 행주 지참				
사이드 타월				
개인용 조리도구				

일일 위생 점검표(퇴실준비)

점검일 : 년 월 일   이름

점검 항목	실시 여부	점검결과		
		양호	보통	미흡
그릇, 기물 세척 및 정리정돈				
기계, 도구, 장비 세척 및 정리정돈				
작업대 청소 및 물기 제거				
가스레인지 또는 인덕션 청소				
양념통 정리				
남은 재료 정리정돈				
음식 쓰레기 처리				
개수대 청소				
수도 주변 및 세제 관리				
바닥 청소				
청소도구 정리정돈				
전기 및 Gas 체크				

더덕알타리물김치

재료

- 알타리무 600g
- 더덕 200g
- 갓 20g
- 쪽파 30g
- 청양고추 3개
- 붉은 고추 3개
- 마늘 45g
- 생강 20g

김칫국

- 물 10컵
- 소금 6큰술
- 설탕 1큰술
- 배 200g
- 양파 150g

소금물

- 굵은소금 1/2컵
- 물 5컵

찹쌀풀

- 찹쌀가루 2큰술
- 물 2컵

재료 확인하기

❶ 재료의 품질 확인하기

재료 계량하기

❷ 배합표에 따라 재료를 정확하게 계량한다.

도구 준비하기

❸ 작업대, 계량저울, 계량스푼, 계량컵, 조리용 칼, 도마, 채반, 앞치마, 장갑(위생장갑, 면장갑, 고무장갑), 절이는 용기, 위생모자, 위생행주, 분리수거용 봉투 등을 준비한다.

재료 전처리하기

❹ 더덕은 껍질을 벗기고 길이로 반을 자른다.
❺ 알타리무는 작은 것으로 골라 연한 무청만 남기고 잔털만 다듬어 껍질을 벗기지 않고 문질러 씻는다. 큰 알타리무는 4등분을 하고 작은 것은 2등분을 한다.
❻ 갓, 쪽파는 다듬어서 씻는다.
❼ 고추는 깨끗이 씻어 길이로 반을 자르고 씨를 제거한다.
❽ 배, 양파는 껍질을 벗겨 큼직하게 썰고, 마늘과 생강은 껍질을 까고 얇게 썰어 베 보자기에 싼다.
❾ 물에 찹쌀가루를 풀어 묽게 풀을 쑤어 차게 식힌다.

재료 절이기

❿ 알타리무, 더덕, 갓, 쪽파는 절여 씻어 물기를 뺀다.

김치 양념배합

⓫ 식혀 놓은 찹쌀풀에 소금과 설탕을 섞어 김칫국을 만든다.

김치 담그기

⓬ 항아리에 양념 주머니를 깔고 김칫거리를 차곡차곡 넣은 뒤 김칫국을 부어 익힌다.

담아 완성하기

⓭ 더덕알타리물김치 담을 그릇을 선택하여 보기 좋게 담는다.

학습평가

학습내용	평가항목	성취수준 상	중	하
김치 재료 준비하기	김치에 사용하는 재료를 필요량에 맞게 계량할 수 있다.			
	김치의 종류에 맞추어 도구와 재료를 준비할 수 있다.			
	재료에 따라 요구되는 전처리를 수행할 수 있다.			
	배추나 무 등의 김치 재료를 적정한 시간과 염도에 맞춰 절일 수 있다.			
김치 양념 배합하기	김치 종류에 따른 양념 재료를 비율대로 혼합, 조절할 수 있다.			
	김치 종류, 저장기간에 따라 양념의 비율을 조절할 수 있다.			
	양념을 용도에 맞게 활용할 수 있다.			
김치 담그기	김치의 특성에 맞도록 주재료에 부재료와 양념의 비율을 조절하여 소를 넣거나 버무릴 수 있다.			
	김치의 종류에 따라 국물의 양을 조절할 수 있다.			
	온도와 시간을 조절하여 숙성하여 보관할 수 있다.			
김치 담아 완성하기	김치의 종류에 따라 다양한 그릇을 선택할 수 있다.			
	적정한 온도를 유지하도록 담을 수 있다.			
	김치의 종류에 따라 조화롭게 담아낼 수 있다.			

학습자 완성품 사진

일일 개인위생 점검표(입실준비)

점검일 :   년   월   일   이름:

점검 항목	착용 및 실시 여부	점검결과		
		양호	보통	미흡
조리모				
두발의 형태에 따른 손질(머리망 등)				
조리복 상의				
조리복 바지				
앞치마				
스카프				
안전화				
손톱의 길이 및 매니큐어 여부				
반지, 시계, 팔찌 등				
짙은 화장				
향수				
손 씻기				
상처유무 및 적절한 조치				
흰색 행주 지참				
사이드 타월				
개인용 조리도구				

일일 위생 점검표(퇴실준비)

점검일 :   년   월   일   이름

점검 항목	실시 여부	점검결과		
		양호	보통	미흡
그릇, 기물 세척 및 정리정돈				
기계, 도구, 장비 세척 및 정리정돈				
작업대 청소 및 물기 제거				
가스레인지 또는 인덕션 청소				
양념통 정리				
남은 재료 정리정돈				
음식 쓰레기 처리				
개수대 청소				
수도 주변 및 세제 관리				
바닥 청소				
청소도구 정리정돈				
전기 및 Gas 체크				

동치미

재료

- 동치미 무 3kg
- 배 1개
- 실파 100g
- 갓 200g
- 풋고추(삭힌 것) 50g
- 붉은 고추 3개
- 마늘 20g
- 생강 10g

소금물 1
- 굵은소금 2컵
- 물 1.6L

소금물 2
- 굵은소금 1컵
- 물 5컵

재료 확인하기
❶ 재료의 품질 확인하기

재료 계량하기
❷ 배합표에 따라 재료를 정확하게 계량한다.

도구 준비하기
❸ 작업대, 계량저울, 계량스푼, 계량컵, 조리용 칼, 도마, 채반, 앞치마, 장갑(위생장갑, 면장갑, 고무장갑), 절이는 용기, 위생모자, 위생행주, 분리수거용 봉투 등을 준비한다.

재료 전처리하기
❹ 무는 작고 단단한 것으로 골라 잔뿌리를 떼고 깨끗이 씻어서 준비한다.
❺ 갓, 삭힌 고추, 붉은 고추는 씻어 건져서 물기를 뺀다.
❻ 배는 씻어서 반을 가르고 마늘과 생강은 씻어서 얇게 저며 베주머니에 넣는다.
❼ 소금물 1을 만들어 체에 거른다.

재료 절이기
❽ 동치미 무는 소금물 2에 하룻밤 절인다. 실파와 갓은 깨끗이 씻어서 살짝 절인 다음 두세 가닥씩 말아서 묶는다.

김치 양념배합 및 담그기
❾ 항아리 바닥에 양념주머니를 놓고 위에 절인 무를 한 켜 놓고 준비한 부재료들을 얹은 뒤 다시 무 담기를 반복한다. 맨 위에 갓을 놓고 떠오르지 않도록 눌러 놓는다.
❿ 소금물 1을 항아리에 가만히 따라 부은 뒤 뚜껑을 덮어 익힌다. 상에 낼 때는 무를 건져서 반달 모양 또는 굵기 1cm, 길이 4cm 정도의 막대 모양으로 썰고 부재료도 색이 고운 것은 짧게 썰어서 담는다. 설탕을 약간만 넣어 맛을 낸다.

담아 완성하기
⓫ 동치미 담을 그릇을 선택하여 보기 좋게 담는다.

학습평가

학습내용	평가항목	성취수준		
		상	중	하
김치 재료 준비하기	김치에 사용하는 재료를 필요량에 맞게 계량할 수 있다.			
	김치의 종류에 맞추어 도구와 재료를 준비할 수 있다.			
	재료에 따라 요구되는 전처리를 수행할 수 있다.			
	배추나 무 등의 김치 재료를 적정한 시간과 염도에 맞춰 절일 수 있다.			
김치 양념 배합하기	김치 종류에 따른 양념 재료를 비율대로 혼합, 조절할 수 있다.			
	김치 종류, 저장기간에 따라 양념의 비율을 조절할 수 있다.			
	양념을 용도에 맞게 활용할 수 있다.			
김치 담그기	김치의 특성에 맞도록 주재료에 부재료와 양념의 비율을 조절하여 소를 넣거나 버무릴 수 있다.			
	김치의 종류에 따라 국물의 양을 조절할 수 있다.			
	온도와 시간을 조절하여 숙성하여 보관할 수 있다.			
김치 담아 완성하기	김치의 종류에 따라 다양한 그릇을 선택할 수 있다.			
	적정한 온도를 유지하도록 담을 수 있다.			
	김치의 종류에 따라 조화롭게 담아낼 수 있다.			

학습자 완성품 사진

일일 개인위생 점검표(입실준비)

점검일 :   년   월   일   이름:

점검 항목	착용 및 실시 여부	점검결과		
		양호	보통	미흡
조리모				
두발의 형태에 따른 손질(머리망 등)				
조리복 상의				
조리복 바지				
앞치마				
스카프				
안전화				
손톱의 길이 및 매니큐어 여부				
반지, 시계, 팔찌 등				
짙은 화장				
향수				
손 씻기				
상처유무 및 적절한 조치				
흰색 행주 지참				
사이드 타월				
개인용 조리도구				

일일 위생 점검표(퇴실준비)

점검일 :   년   월   일   이름

점검 항목	실시 여부	점검결과		
		양호	보통	미흡
그릇, 기물 세척 및 정리정돈				
기계, 도구, 장비 세척 및 정리정돈				
작업대 청소 및 물기 제거				
가스레인지 또는 인덕션 청소				
양념통 정리				
남은 재료 정리정돈				
음식 쓰레기 처리				
개수대 청소				
수도 주변 및 세제 관리				
바닥 청소				
청소도구 정리정돈				
전기 및 Gas 체크				

석류김치

재료
- 동치미 무 3개(3kg)
- 배 1개
- 실파 50g
- 미나리 50g
- 갓 50g
- 밤 10개
- 대추 8개
- 잣 2큰술
- 석이버섯 4장
- 마른 표고버섯 2장
- 배추잎(넓은 것) 20장

소금물
- 굵은소금 2컵
- 물 10컵

양념
- 마늘 20g
- 생강 10g
- 실고추 3g
- 소금 2큰술
- 설탕 1큰술

김칫국
- 소금 3큰술
- 물 7컵

재료 확인하기
❶ 재료의 품질 확인하기

재료 계량하기
❷ 배합표에 따라 재료를 정확하게 계량한다.

도구 준비하기
❸ 작업대, 계량저울, 계량스푼, 계량컵, 조리용 칼, 도마, 채반, 앞치마, 장갑(위생장갑, 면장갑, 고무장갑), 절이는 용기, 위생모자, 위생행주, 분리수거용 봉투 등을 준비한다.

재료 전처리하기
❹ 동치미 무는 큰 것으로 골라 무청은 잘라내고 잔털은 떼어내고 문질러 씻어 건진다.
❺ 무 2.5kg은 3~4cm 두께의 토막으로 잘라 밑으로 1cm 정도는 남기고, 가로 세로 1cm 간격으로 칼집을 넣는다.
❻ 소에 사용할 무 500g과 배는 3cm 길이로 곱게 채 썬다.
❼ 미나리는 줄기만 다듬고, 쪽파는 말끔히 씻어서 3cm 길이로 썬다.
❽ 밤은 껍질을 벗겨 곱게 채 썬다. 대추는 씨를 뺀 뒤 채 썬다.
❾ 석이버섯은 미지근한 물에 불려 말끔히 손질한 다음 곱게 채 썰고, 표고도 불려서 기둥을 떼고 얇게 저며 채 썬다.
❿ 마늘, 생강도 곱게 채 썬다.
⓫ 잣은 고깔을 떼고 실고추는 2cm 길이로 잘라 놓는다.

재료 절이기
⓬ 소금물을 칼집 낸 무 토막과 잎이 넓은 배추잎의 숨이 죽을 때까지 절인다.

김치 양념배합
⓭ 채 썬 무에 실고추를 넣고 비벼서 분홍빛이 들면 채 썬 양념을 모두 넣어 섞고 설탕과 소금으로 간을 맞춘다.

김치 담그기
⓮ 무의 칼집 사이사이에 준비한 소를 꼭꼭 눌러 넣고 잣을 올린다.
⓯ 무 한 토막마다 배추잎으로 감싼다. 항아리에 석류김치를 차곡차곡 담는다. 소를 버무린 그릇에 물을 붓고 소금을 넣어 김칫국을 만든 후 무 위까지 올라오게 국물을 붓는다.

담아 완성하기
⓰ 석류김치 담을 그릇을 선택하여 보기 좋게 담는다.

학습내용	평가항목	성취수준		
		상	중	하
김치 재료 준비하기	김치에 사용하는 재료를 필요량에 맞게 계량할 수 있다.			
	김치의 종류에 맞추어 도구와 재료를 준비할 수 있다.			
	재료에 따라 요구되는 전처리를 수행할 수 있다.			
	배추나 무 등의 김치 재료를 적정한 시간과 염도에 맞춰 절일 수 있다.			
김치 양념 배합하기	김치 종류에 따른 양념 재료를 비율대로 혼합, 조절할 수 있다.			
	김치 종류, 저장기간에 따라 양념의 비율을 조절할 수 있다.			
	양념을 용도에 맞게 활용할 수 있다.			
김치 담그기	김치의 특성에 맞도록 주재료에 부재료와 양념의 비율을 조절하여 소를 넣거나 버무릴 수 있다.			
	김치의 종류에 따라 국물의 양을 조절할 수 있다.			
	온도와 시간을 조절하여 숙성하여 보관할 수 있다.			
김치 담아 완성하기	김치의 종류에 따라 다양한 그릇을 선택할 수 있다.			
	적정한 온도를 유지하도록 담을 수 있다.			
	김치의 종류에 따라 조화롭게 담아낼 수 있다.			

학습자 완성품 사진

일일 개인위생 점검표(입실준비)

점검일 :　년　월　일　　　　이름:

점검 항목	착용 및 실시 여부	점검결과		
		양호	보통	미흡
조리모				
두발의 형태에 따른 손질(머리망 등)				
조리복 상의				
조리복 바지				
앞치마				
스카프				
안전화				
손톱의 길이 및 매니큐어 여부				
반지, 시계, 팔찌 등				
짙은 화장				
향수				
손 씻기				
상처유무 및 적절한 조치				
흰색 행주 지참				
사이드 타월				
개인용 조리도구				

일일 위생 점검표(퇴실준비)

점검일 :　년　월　일　　　　이름

점검 항목	실시 여부	점검결과		
		양호	보통	미흡
그릇, 기물 세척 및 정리정돈				
기계, 도구, 장비 세척 및 정리정돈				
작업대 청소 및 물기 제거				
가스레인지 또는 인덕션 청소				
양념통 정리				
남은 재료 정리정돈				
음식 쓰레기 처리				
개수대 청소				
수도 주변 및 세제 관리				
바닥 청소				
청소도구 정리정돈				
전기 및 Gas 체크				

미나리김치

재료

- 미나리 350g
- 쪽파 30g
- 갓 30g
- 물 1/3컵

소금물

- 굵은소금 1컵
- 물 2컵

양념

- 무 150g
- 배 70g
- 굵은 고춧가루 1/2컵
- 새우젓 1½큰술
- 설탕 1/2큰술
- 마늘 10g
- 생강 5g
- 까나리액젓 3큰술

찹쌀풀

- 찹쌀가루 1큰술
- 물 1/3컵
- 소금 1/3작은술

재료 확인하기
❶ 재료의 품질 확인하기

재료 계량하기
❷ 배합표에 따라 재료를 정확하게 계량한다.

도구 준비하기
❸ 작업대, 계량저울, 계량스푼, 계량컵, 조리용 칼, 도마, 채반, 앞치마, 장갑(위생장갑, 면장갑, 고무장갑), 절이는 용기, 위생모자, 위생행주, 분리수거용 봉투 등을 준비한다.

재료 전처리하기
❹ 미나리, 쪽파, 갓은 다듬어 씻어 7cm 길이로 썬다.
❺ 무, 배는 껍질을 벗기고 강판에 간다.
❻ 찹쌀가루를 물에 풀어 찹쌀풀을 쑨다.
❼ 마늘, 생강은 곱게 다진다.

재료 절이기
❽ 소금물에 미나리를 절인다.

김치 양념배합
❾ 강판에 간 무, 배, 고춧가루, 새우젓, 설탕, 마늘, 생강, 까나리액젓, 찹쌀풀을 고루 섞어 양념을 만든다.

김치 담그기
❿ 절여진 미나리는 준비된 양념으로 살살 버무리고 항아리에 차곡차곡 담는다. 양념에 물을 넣고 헹구어 항아리에 부은 뒤 냉장고에 보관한다.

담아 완성하기
⓫ 미나리김치 담을 그릇을 선택하여 보기 좋게 담는다.

학습내용	평가항목	성취수준		
		상	중	하
김치 재료 준비하기	김치에 사용하는 재료를 필요량에 맞게 계량할 수 있다.			
	김치의 종류에 맞추어 도구와 재료를 준비할 수 있다.			
	재료에 따라 요구되는 전처리를 수행할 수 있다.			
	배추나 무 등의 김치 재료를 적정한 시간과 염도에 맞춰 절일 수 있다.			
김치 양념 배합하기	김치 종류에 따른 양념 재료를 비율대로 혼합, 조절할 수 있다.			
	김치 종류, 저장기간에 따라 양념의 비율을 조절할 수 있다.			
	양념을 용도에 맞게 활용할 수 있다.			
김치 담그기	김치의 특성에 맞도록 주재료에 부재료와 양념의 비율을 조절하여 소를 넣거나 버무릴 수 있다.			
	김치의 종류에 따라 국물의 양을 조절할 수 있다.			
	온도와 시간을 조절하여 숙성하여 보관할 수 있다.			
김치 담아 완성하기	김치의 종류에 따라 다양한 그릇을 선택할 수 있다.			
	적정한 온도를 유지하도록 담을 수 있다.			
	김치의 종류에 따라 조화롭게 담아낼 수 있다.			

학습자 완성품 사진

일일 개인위생 점검표(입실준비)

점검일 : 년 월 일 이름:

점검 항목	착용 및 실시 여부	점검결과		
		양호	보통	미흡
조리모				
두발의 형태에 따른 손질(머리망 등)				
조리복 상의				
조리복 바지				
앞치마				
스카프				
안전화				
손톱의 길이 및 매니큐어 여부				
반지, 시계, 팔찌 등				
짙은 화장				
향수				
손 씻기				
상처유무 및 적절한 조치				
흰색 행주 지참				
사이드 타월				
개인용 조리도구				

일일 위생 점검표(퇴실준비)

점검일 : 년 월 일 이름

점검 항목	실시 여부	점검결과		
		양호	보통	미흡
그릇, 기물 세척 및 정리정돈				
기계, 도구, 장비 세척 및 정리정돈				
작업대 청소 및 물기 제거				
가스레인지 또는 인덕션 청소				
양념통 정리				
남은 재료 정리정돈				
음식 쓰레기 처리				
개수대 청소				
수도 주변 및 세제 관리				
바닥 청소				
청소도구 정리정돈				
전기 및 Gas 체크				

사과김치

재료

- 사과(中자 2개) 500g
- 오이 100g
- 양배추 130g
- 쪽파 18g
- 소금 1작은술

양념

- 새우젓 38g
- 고춧가루 37g
- 다진 마늘 1큰술
- 다진 생강 1/2작은술
- 까나리액젓 2작은술
- 물엿 3큰술
- 통깨 1큰술

재료 확인하기

❶ 재료의 품질 확인하기

재료 계량하기

❷ 배합표에 따라 재료를 정확하게 계량한다.

도구 준비하기

❸ 작업대, 계량저울, 계량스푼, 계량컵, 조리용 칼, 도마, 채반, 앞치마, 장갑(위생장갑, 면장갑, 고무장갑), 절이는 용기, 위생모자, 위생행주, 분리수거용 봉투 등을 준비한다.

재료 전처리하기

❹ 사과는 씨를 제거하고 2cm×2cm 크기로 썬다.
❺ 오이는 소금으로 문질러 씻어 2cm×2cm 크기로 썬다.
❻ 양배추는 흐르는 물에 씻어 2cm×2cm 크기로 썬다.
❼ 쪽파는 2cm 길이로 썬다.

김치 양념배합

❽ 새우젓, 고춧가루, 마늘, 생강, 까나리액젓, 물엿, 통깨를 넣고 양념을 버무린다.

김치 담그기

❾ 사과, 오이, 양배추, 쪽파를 준비된 양념으로 살살 버무리고 항아리에 차곡차곡 담아 냉장고에 보관한다.

담아 완성하기

❿ 사과김치 담을 그릇을 선택하여 보기 좋게 담는다.

학습내용	평가항목	성취수준		
		상	중	하
김치 재료 준비하기	김치에 사용하는 재료를 필요량에 맞게 계량할 수 있다.			
	김치의 종류에 맞추어 도구와 재료를 준비할 수 있다.			
	재료에 따라 요구되는 전처리를 수행할 수 있다.			
	배추나 무 등의 김치 재료를 적정한 시간과 염도에 맞춰 절일 수 있다.			
김치 양념 배합하기	김치 종류에 따른 양념 재료를 비율대로 혼합, 조절할 수 있다.			
	김치 종류, 저장기간에 따라 양념의 비율을 조절할 수 있다.			
	양념을 용도에 맞게 활용할 수 있다.			
김치 담그기	김치의 특성에 맞도록 주재료에 부재료와 양념의 비율을 조절하여 소를 넣거나 버무릴 수 있다.			
	김치의 종류에 따라 국물의 양을 조절할 수 있다.			
	온도와 시간을 조절하여 숙성하여 보관할 수 있다.			
김치 담아 완성하기	김치의 종류에 따라 다양한 그릇을 선택할 수 있다.			
	적정한 온도를 유지하도록 담을 수 있다.			
	김치의 종류에 따라 조화롭게 담아낼 수 있다.			

학습자 완성품 사진

일일 개인위생 점검표(입실준비)

점검일 :　　년　　월　　일　　　　이름:

점검 항목	착용 및 실시 여부	점검결과		
		양호	보통	미흡
조리모				
두발의 형태에 따른 손질(머리망 등)				
조리복 상의				
조리복 바지				
앞치마				
스카프				
안전화				
손톱의 길이 및 매니큐어 여부				
반지, 시계, 팔찌 등				
짙은 화장				
향수				
손 씻기				
상처유무 및 적절한 조치				
흰색 행주 지참				
사이드 타월				
개인용 조리도구				

일일 위생 점검표(퇴실준비)

점검일 :　　년　　월　　일　　　　이름

점검 항목	실시 여부	점검결과		
		양호	보통	미흡
그릇, 기물 세척 및 정리정돈				
기계, 도구, 장비 세척 및 정리정돈				
작업대 청소 및 물기 제거				
가스레인지 또는 인덕션 청소				
양념통 정리				
남은 재료 정리정돈				
음식 쓰레기 처리				
개수대 청소				
수도 주변 및 세제 관리				
바닥 청소				
청소도구 정리정돈				
전기 및 Gas 체크				

오이소박이

재료

- 오이 1개
- 부추 20g
- 고춧가루 10g
- 대파 20g
- 마늘 5g
- 생강 5g
- 소금 15g

재료 확인하기
❶ 재료의 품질 확인하기

재료 계량하기
❷ 배합표에 따라 재료를 정확하게 계량한다.

도구 준비하기
❸ 작업대, 계량저울, 계량스푼, 계량컵, 조리용 칼, 도마, 채반, 앞치마, 장갑(위생장갑, 면장갑, 고무장갑), 절이는 용기, 위생모자, 위생행주, 분리수거용 봉투 등을 준비한다.

재료 전처리하기
❹ 오이는 6cm 길이로 썰어 양쪽 1cm씩을 남기고 4군데에 칼집을 넣는다.
❺ 부추는 손질하여 0.5cm 길이로 송송 썬다.
❻ 대파, 마늘, 생강은 껍질을 벗겨 곱게 다진다.

재료 절이기
❼ 손질한 오이는 소금물에 절인 뒤 잘 절여지면 물기를 짠다.

김치 양념배합
❽ 고춧가루, 대파, 마늘, 생강, 부추, 소금을 잘 버무려 소를 만든다.

김치 담그기
❾ 소를 절여진 오이에 채워 넣는다. 양념을 물로 헹구어 국물을 만든다.

담아 완성하기
❿ 오이소박이 담을 그릇을 선택하여 보기 좋게 담는다.

※ **주어진 재료를 사용하여 다음과 같이 오이소박이를 만드시오.**

가. 소박이 완성품의 길이는 6cm 정도로 하시오.

　(단, 지급된 재료의 크기에 따라 가감한다.)

나. 소를 만들 때 부추의 길이는 0.5cm로 하시오.

다. 오이소박이는 3개 제출하시오.

1) 오이에 3~4갈래로 칼집을 넣을 때 양쪽이 잘리지 않도록 한다.

　(양쪽이 약 1cm씩 남도록)

2) 절여진 오이와 소의 간을 잘 맞춘다.

3) 그릇에 묻은 양념을 이용하여 김칫국을 만들어 소박이 위에 붓는다.

4) 조리작품 만드는 순서는 틀리지 않게 하여야 한다.

5) 숙련된 기능으로 맛을 내야 하므로 조리작업 시 음식의 맛을 보지 않는다.

6) 지정된 수험자지참준비물 이외의 조리기구나 재료를 시험장 내에 지참할 수 없다.

7) 지급재료는 시험 전 확인하여 이상이 있을 경우 시험위원으로부터 조치를 받고 시험도중에는 재료의 교환 및 추가지급은 하지 않는다.

8) 다음과 같은 경우에는 채점대상에서 제외한다.

　가) 시험시간 내에 과제 두 가지를 제출하지 못한 경우 : 미완성

　나) 시험시간 내에 제출된 과제라도 다음과 같은 경우

　　(1) 문제의 요구사항대로 작품의 수량이 만들어지지 않은 경우 : 미완성

　　(2) 해당과제의 지급재료 이외의 재료를 사용한 경우 : 오작

　　(3) 구이를 찜으로 조리하는 등과 같이 조리방법을 다르게 한 경우 : 오작

　　(4) 불을 사용하여 만든 조리작품이 작품특성에 벗어나는 정도로 타거나 익지 않은 경우 : 실격

　　(5) 가스레인지 화구를 2개 이상 사용한 경우 : 실격

　　(6) 시험 중 시설·장비(칼, 가스레인지 등) 사용 시 감독위원 및 타 수험자의 시험 진행에 위협이 될 것으로 감독위원 전원이 합의하여 판단한 경우 : 실격

9) 항목별 배점은 위생상태 및 안전관리 5점, 조리기술 30점, 작품의 평가 15점이다.

학습내용	평가항목	성취수준		
		상	중	하
김치 재료 준비하기	김치에 사용하는 재료를 필요량에 맞게 계량할 수 있다.			
	김치의 종류에 맞추어 도구와 재료를 준비할 수 있다.			
	재료에 따라 요구되는 전처리를 수행할 수 있다.			
	배추나 무 등의 김치 재료를 적정한 시간과 염도에 맞춰 절일 수 있다.			
김치 양념 배합하기	김치 종류에 따른 양념 재료를 비율대로 혼합, 조절할 수 있다.			
	김치 종류, 저장기간에 따라 양념의 비율을 조절할 수 있다.			
	양념을 용도에 맞게 활용할 수 있다.			
김치 담그기	김치의 특성에 맞도록 주재료에 부재료와 양념의 비율을 조절하여 소를 넣거나 버무릴 수 있다.			
	김치의 종류에 따라 국물의 양을 조절할 수 있다.			
	온도와 시간을 조절하여 숙성하여 보관할 수 있다.			
김치 담아 완성하기	김치의 종류에 따라 다양한 그릇을 선택할 수 있다.			
	적정한 온도를 유지하도록 담을 수 있다.			
	김치의 종류에 따라 조화롭게 담아낼 수 있다.			

학습자 완성품 사진

일일 개인위생 점검표(입실준비)

점검일 :　년　월　일　　　이름:

점검 항목	착용 및 실시 여부	점검결과		
		양호	보통	미흡
조리모				
두발의 형태에 따른 손질(머리망 등)				
조리복 상의				
조리복 바지				
앞치마				
스카프				
안전화				
손톱의 길이 및 매니큐어 여부				
반지, 시계, 팔찌 등				
짙은 화장				
향수				
손 씻기				
상처유무 및 적절한 조치				
흰색 행주 지참				
사이드 타월				
개인용 조리도구				

일일 위생 점검표(퇴실준비)

점검일 :　년　월　일　　　이름

점검 항목	실시 여부	점검결과		
		양호	보통	미흡
그릇, 기물 세척 및 정리정돈				
기계, 도구, 장비 세척 및 정리정돈				
작업대 청소 및 물기 제거				
가스레인지 또는 인덕션 청소				
양념통 정리				
남은 재료 정리정돈				
음식 쓰레기 처리				
개수대 청소				
수도 주변 및 세제 관리				
바닥 청소				
청소도구 정리정돈				
전기 및 Gas 체크				

memo

보쌈김치

재료

- 절인 배추 500g
- 무 50g
- 밤 1개
- 배 1/10개
- 실파 20g
- 마늘 10g
- 생강 5g
- 미나리 30g
- 갓 20g
- 대추 1개
- 석이버섯 5g
- 잣 5개
- 생굴 20g
- 낙지다리 50g
- 고춧가루 20g
- 소금 5g
- 새우젓 20g

재료 확인하기

❶ 재료의 품질 확인하기

재료 계량하기

❷ 배합표에 따라 재료를 정확하게 계량한다.

도구 준비하기

❸ 작업대, 계량저울, 계량스푼, 계량컵, 조리용 칼, 도마, 채반, 앞치마, 장갑(위생장갑, 면장갑, 고무장갑), 절이는 용기, 위생모자, 위생행주, 분리수거용 봉투 등을 준비한다.

재료 전처리하기

❹ 잘 절여진 배추는 씻어서 잎부분을 잘라 두고 줄기부분은 3cm×3cm×0.3cm 크기로 썬다.

❺ 배와 무는 3cm×3cm×0.3cm 크기로 썬다.

❻ 밤은 껍질을 벗겨 납작납작하게 편으로 썬다.

❼ 쪽파, 갓, 미나리는 다듬어 3cm 길이로 자른다.

❽ 생강, 마늘은 껍질을 벗겨 씻어 채 썬다.

❾ 새우젓은 건지만 건져 다진다.

❿ 낙지는 깨끗이 씻어 3cm 길이로 자르고, 굴은 소금물에 씻어 물기를 빼 놓는다.

⓫ 석이버섯은 따뜻한 물에 불려 비벼서 손질하여 씻은 후 채 썬다.

⓬ 잣은 고깔을 떼고 대추는 채 썰어 놓는다.

김치 양념배합

⓭ 무, 배추에 고춧가루를 넣고 버무려 색이 들면 밤, 배, 실파, 마늘, 생강, 미나리, 갓, 생굴, 낙지, 소금, 새우젓을 넣어 버무린다.

김치 담그기

⓮ 그릇에 배추잎 3~4장을 줄기는 밑으로 오게 하고 잎은 밖으로 펼쳐 놓아 버무린 김치를 놓는다.

⓯ 위의 대추, 석이버섯, 잣을 가운데 얹고 안의 잎부터 위를 덮어 속이 흩어지지 않게 손으로 꼭꼭 눌러 둥글게 만든다.

⓰ 양념 묻은 그릇에 물을 부어 헹군 뒤 보쌈김치 절반이 잠기도록 붓는다.

담아 완성하기

⓱ 보쌈김치 담을 그릇을 선택하여 보기 좋게 담는다.

 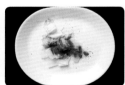  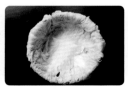 

※ **주어진 재료를 사용하여 다음과 같이 보쌈김치를 만드시오.**

가. 무 · 배추는 0.3cm×3cm×3cm로 나박 썰기, 배 · 밤은 편 썰기, 미나리 · 갓 · 파 · 낙지는 3cm로 썰어 굴, 마늘채, 생강채와 함께 김치 속으로 사용하시오.

나. 그릇 바닥을 배추로 덮은 후, 내용물을 담고 배추잎의 끝을 바깥쪽으로 모양있게 접어 넣어 내용물이 보이도록 하여 제출하시오.

다. 석이, 대추, 잣은 고명으로 얹으시오.

라. 보쌈김치가 절반 정도 잠기도록 국물을 만들어 부으시오.

1) 내용물의 배합비율이 적절하게 되도록 하시오.
2) 김치를 버무리는 순서와 양념의 분량에 유의하시오.
3) 조리작품 만드는 순서는 틀리지 않게 하여야 한다.
4) 숙련된 기능으로 맛을 내야 하므로 조리작업 시 음식의 맛을 보지 않는다.
5) 지정된 수험자지참준비물 이외의 조리기구나 재료를 시험장 내에 지참할 수 없다.
6) 지급재료는 시험 전 확인하여 이상이 있을 경우 시험위원으로부터 조치를 받고 시험도중에는 재료의 교환 및 추가지급은 하지 않는다.
7) 다음과 같은 경우에는 채점대상에서 제외한다.
   가) 시험시간 내에 과제 두 가지를 제출하지 못한 경우 : 미완성
   나) 시험시간 내에 제출된 과제라도 다음과 같은 경우
      (1) 문제의 요구사항대로 작품의 수량이 만들어지지 않은 경우 : 미완성
      (2) 해당과제의 지급재료 이외의 재료를 사용한 경우 : 오작
      (3) 구이를 찜으로 조리하는 등과 같이 조리방법을 다르게 한 경우 : 오작
      (4) 불을 사용하여 만든 조리작품이 작품특성에 벗어나는 정도로 타거나 익지 않은 경우 : 실격
      (5) 가스레인지 화구를 2개 이상 사용한 경우 : 실격
      (6) 시험 중 시설 · 장비(칼, 가스레인지 등) 사용 시 감독위원 및 타 수험자의 시험 진행에 위협이 될 것으로 감독위원 전원이 합의하여 판단한 경우 : 실격
8) 항목별 배점은 위생상태 및 안전관리 5점, 조리기술 30점, 작품의 평가 15점이다.

학습내용	평가항목	성취수준		
		상	중	하
김치 재료 준비하기	김치에 사용하는 재료를 필요량에 맞게 계량할 수 있다.			
	김치의 종류에 맞추어 도구와 재료를 준비할 수 있다.			
	재료에 따라 요구되는 전처리를 수행할 수 있다.			
	배추나 무 등의 김치 재료를 적정한 시간과 염도에 맞춰 절일 수 있다.			
김치 양념 배합하기	김치 종류에 따른 양념 재료를 비율대로 혼합, 조절할 수 있다.			
	김치 종류, 저장기간에 따라 양념의 비율을 조절할 수 있다.			
	양념을 용도에 맞게 활용할 수 있다.			
김치 담그기	김치의 특성에 맞도록 주재료에 부재료와 양념의 비율을 조절하여 소를 넣거나 버무릴 수 있다.			
	김치의 종류에 따라 국물의 양을 조절할 수 있다.			
	온도와 시간을 조절하여 숙성하여 보관할 수 있다.			
김치 담아 완성하기	김치의 종류에 따라 다양한 그릇을 선택할 수 있다.			
	적정한 온도를 유지하도록 담을 수 있다.			
	김치의 종류에 따라 조화롭게 담아낼 수 있다.			

학습자 완성품 사진

일일 개인위생 점검표(입실준비)

점검일 :　　년　　월　　일　　　　　이름:

점검 항목	착용 및 실시 여부	점검결과		
		양호	보통	미흡
조리모				
두발의 형태에 따른 손질(머리망 등)				
조리복 상의				
조리복 바지				
앞치마				
스카프				
안전화				
손톱의 길이 및 매니큐어 여부				
반지, 시계, 팔찌 등				
짙은 화장				
향수				
손 씻기				
상처유무 및 적절한 조치				
흰색 행주 지참				
사이드 타월				
개인용 조리도구				

일일 위생 점검표(퇴실준비)

점검일 :　　년　　월　　일　　　　　이름

점검 항목	실시 여부	점검결과		
		양호	보통	미흡
그릇, 기물 세척 및 정리정돈				
기계, 도구, 장비 세척 및 정리정돈				
작업대 청소 및 물기 제거				
가스레인지 또는 인덕션 청소				
양념통 정리				
남은 재료 정리정돈				
음식 쓰레기 처리				
개수대 청소				
수도 주변 및 세제 관리				
바닥 청소				
청소도구 정리정돈				
전기 및 Gas 체크				

memo

■ 저자 소개

한혜영
안동과학대학교 호텔조리과 교수
Lotte Hotel Seoul Chef
Intercontinental Seoul Coex Chef
숙명여자대학교 한국음식연구원 메뉴개발팀장

김경은
숙명여자대학교 한국음식연구원 연구원
세종음식문화연구원 대표
안동과학대학교 호텔조리과 겸임교수
세종대학교 조리외식경영학과 박사과정

김옥란
한국관광대학교 외식경영학과 교수
한국조리학회 이사
한국외식경영학회 이사
경기대학교 대학원 외식조리관리학박사

송경숙
원광보건대학교 외식조리과 교수
글로벌식음료문화연구소장
한국외식경영학회 상임이사
경기대학교 대학원 외식조리관리학박사

신은채
동원과학기술대학교 호텔외식조리과 교수
한식기능사 조리산업기사 감독위원
세종대학교 식품영양학과 졸업
동아대학교 식품영양학과 이학박사

원미경
경주대학교 외식조리과 교수
우리향토음식문화연구소 소장
관광학박사

이정기
김해대학교 호텔외식조리과 교수
세종대학교 조리외식경영학과 조리학박사
대한민국 조리기능장
한국산업인력공단 조리기능장 심사위원

정외숙
수성대학교 호텔조리과 교수
한국의맛연구회 부회장
한식기능사 조리산업기사 감독위원
이학박사

정주희
수원여자대학교 식품조리과 겸임교수
Best 외식창업교육연구소 소장
경기대학교 대학원 석사
경기대학교 대학원 박사

조태옥
수원여자대학교 식품영양학과 겸임교수
(사)세종전통음식연구소 소장
세종대학교 대학원 외식경영학박사
농진청 신기술심사위원

한식조리 – 김치

2017년 2월 25일 초판 1쇄 인쇄
2017년 3월 2일 초판 1쇄 발행

지은이 한혜영·김경은·김옥란·송경숙·신은채·원미경·이정기·정외숙·정주희·조태옥
푸드스타일리스트 이승진
펴낸이 진욱상
펴낸곳 백산출판사
교 정 성인숙
본문디자인 박채린
표지디자인 오정은

저자와의
합의하에
인지첩부
생략

등 록 1974년 1월 9일 제1-72호
주 소 경기도 파주시 회동길 370(백산빌딩 3층)
전 화 02-914-1621(代)
팩 스 031-955-9911
이메일 edit@ibaeksan.kr
홈페이지 www.ibaeksan.kr

ISBN 979-11-5763-275-6
값 11,000원